浙江省中等职业教育示范校建设课程改革创新教材

Flash 制作典型案例教程

方　优　主　编
梁晓燕　黄丽梅　副主编
许根生　孙文荣　参　编

科学出版社
北　京

内 容 简 介

本书全面介绍了Flash CS5的基本知识与操作技巧，主要包括Flash CS5基础入门、逐帧动画、形状补间动画、传统补间动画、引导层动画、遮罩动画、按钮、ActionScript语言、实战演练。各单元以实践操作为主，以案例的形式对各知识点进行讲解，设有设计效果、设计思路、设计步骤等模块，将理论知识与具体案例结合起来，避免了只学习枯燥的理论知识，符合职业学校教学的特点。

本书既可作为中等职业学校计算机专业相关课程的配套教材，也可供平面设计业余爱好者参考。

图书在版编目(CIP)数据

Flash制作典型案例教程/方优主编. —北京：科学出版社，2020.3

（浙江省中等职业教育示范校建设课程改革创新教材）

ISBN 978-7-03-064609-5

Ⅰ. ①F… Ⅱ. ①方… Ⅲ. ①动画制作软件-中等专业学校-教材 Ⅳ. ①TP391.414

中国版本图书馆CIP数据核字（2020）第037392号

责任编辑：韩　东　袁星星 / 责任校对：王万红
责任印制：吕春珉 / 封面设计：东方人华平面设计部

科学出版社 出版
北京东黄城根北街16号
邮政编码：100717
http://www.sciencep.com

铭浩彩色印装有限公司印刷

科学出版社发行　各地新华书店经销

*

2020年3月第 一 版　开本：787×1092 1/16
2020年3月第一次印刷　印张：11 1/4
字数：261 000

定价：38.00元

（如有印装质量问题，我社负责调换〈铭浩〉）
销售部电话 010-62136230　编辑部电话 010-62135763-2047

前　　言

基于《教育部关于进一步深化中等职业教育教学改革的若干意见》和各省关于全面推进选择性课程体系改革的实施意见，编者在编写本书时，以满足相关企业对 Flash 制作岗位的要求为前提，选取符合职业教育特色的典型案例和素材，使其具有鲜明的“做中学，做中教”的职业教育特色，帮助学生快速掌握 Flash 制作的技能和方法。

在知识点的选取上，编者充分考虑了初学者的能力水平，结合多年从事一线教学及 Flash 设计制作的实践经验，以实践教学为主、理论教学为辅，以案例为载体由浅入深地讲解 Flash 制作的主要方法与实用技巧，贴近中职学生的实际水平。

本书还注重中职学生在综合素质方面的培养，案例的选取注重趣味化和时尚化，以激发学生的课堂兴趣和求知欲，切合知识点与技能点，从而强化教学效果。为了配合实践教学，编者制作了录屏视频，通过扫描书中的二维码即可观看各个案例的制作步骤。此外，学生还可以在 http://www.abook.cn 上下载本书配套的素材包，边练边学。

本书共分为 9 个单元，单元 1 主要介绍 Flash CS5 基础入门；单元 2 主要介绍逐帧动画；单元 3 主要介绍形状补间动画；单元 4 主要介绍传统补间动画；单元 5 主要介绍引导层动画；单元 6 主要介绍遮罩动画；单元 7 主要介绍按钮；单元 8 主要介绍 ActionScript 语言；单元 9 为实战演练。

本书由方优担任主编，梁晓燕、黄丽梅担任副主编，具体编写分工如下：单元 1 至单元 5 由方优编写，单元 6 由梁晓燕编写，单元 7 由黄丽梅编写，单元 8 由许根生编写，单元 9 由孙文荣编写。

由于编者水平有限，书中难免存在不足之处，恳请广大读者批评指正。

目　　录

单元1　Flash CS5基础入门

知识解读

随着Internet的普及，Flash动画以其文件小、效果好的优点得以迅猛发展，已成为当今Internet上交互式矢量动画的行业标准。因此，学会制作Flash动画是一项必不可少的技能。

在学习制作作品之前，我们先了解一下Flash CS5这个软件，知道它能做什么，有什么功能。只有熟悉工具，才能在使用过程中得心应手。

一、Flash CS5概述

1. Flash CS5的技术特点

（1）XFL格式

XFL格式是“.Fla”项目的默认保存格式。XFL格式是XML结构。从本质上讲，以XFL格式保存的项目是一个集所有素材、项目文件及XML元数据信息为一体的压缩包。用户可以以一个未压缩的目录结构单独访问其中的单个元素（如使用Photoshop中的图片）。XFL格式的广泛应用，使软件之间的穿插协助更加容易。

（2）文本布局（Flash专业版）

Flash Player 10在原有版本基础上增强了文本处理能力，为Flash CS5在文字布局方面提供了可能。文本布局提升后，用户可以轻松控制打印质量及排版文本。

（3）代码片段库（Flash专业版）

借助Flash CS5代码库，用户可以方便地通过导入和导出功能管理代码。

（4）与Flash Builder完美集成

Flash CS5可以轻松地和Flash Builder进行完美集成。用户可以在Flash中完成创意，在Flash Builder中完成ActionScript的编码，还可以在Flash CS5中创建一个Flash Builder项目。

（5）与Flash Catalyst完美集成

Flash Catalyst是一种全新的交互式设计工具，它可以将Photoshop、Illustrator、Fireworks下的图稿变换成交互式项目，而无须缩写代码。自然，Flash CS5也能轻松实现与 Flash Catalyst 的完美集成。

（6）Flash Player 10.1 无处不在

Flash Player 已经应用于多种设备，如台式计算机、笔记本式计算机、智能手机及数字电视等。Flash 的开发人员，无须为每个不同规格设备重新编译软件代码，即可让作品展现到多种设备上。

2. Flash CS5 的应用

（1）广告

电视节目、网页通常会嵌入一些 Flash 广告来进行产品、服务或者企业形象的宣传，这些 Flash 广告总是能让人们在第一时间就注意到它们。

（2）二维动画和 Flash MV

随着动漫市场的规模扩大，利用 Flash 进行动漫设计的人员也越来越多，很多学校开设了相应的 Flash 动画制作课程。无论是网络还是电视，甚至是公共汽车上，都能看到用 Flash 制作的作品，常见的有公益宣传片、用 Flash 制作的个人 MV 等。

图 1.1　问候卡

（3）电子贺卡

使用 Flash 制作的电子贺卡互动性强、表现形式多样、文件小，可以更好地传达人与人之间的感情，如图 1.1 所示。

（4）教学课件

Flash 动画制作技术已广泛应用于教学领域中。使用 Flash 制作的课件可以很好地表达教学内容，提高学生的学习兴趣。

（5）多媒体光盘

现在的教学类多媒体光盘，越来越多地使用 Flash 制作，不仅教学效果好，而且开发简单、省时。

（6）Flash 游戏

Flash 是一款优秀的多媒体编辑工具，可以实现动画、声音的交互。利用 Flash 的交互性，用户可以制作出短小精悍、寓教于乐的 Flash 小游戏。

（7）Flash 网页

Flash 具有良好的动画表现力与强大的后台技术，支持 HTML 与网页脚本语言的使用，使得 Flash 在制作网页上具有很强的优势，如图 1.2 所示。

（8）手机应用

利用 Flash 可以制作出很多应用于手机的动画作品，包括手机壁纸、屏保、主题、游戏、应用工具等。随着手机浏览器的版本不断升级，Flash 在手机动画方面的应用也会越来越多。

图 1.2　互动式网页

（9）应用程序开发

目前 Flash CS5 的 ActionScript 3.0 已经发展成相当成熟的程序设计语言，它可以完成各种复杂的网络应用程序和各种交互游戏的开发，同时支持 XML 动态载入和多种服务技术。

3. Flash 的发展趋势

发展至今，Flash 已经超越了卡通和游戏应用的范畴，进入电子商务、电视、广告、MTV 制作及手机服务等真正的商业应用中，逐渐渗透到音乐、传媒、广告、房地产、游戏、信息产业等各个领域，开拓出无限的商机。

（1）广告领域

这里的广告领域包括电视广告和网络广告。使用 Flash 制作电视广告，可以大大节省制作成本，使得广告制作成本与购买媒体时段的费用比例更加合理；而网络广告随着互联网的迅猛发展而有着极为广阔的商业空间，其中 Flash 广告占有绝对的主导地位。

（2）电子商务领域

在电子商务领域，Flash 主要用于电子商务网站的建设。用 Flash 制作的电子商务网站具有强大的交互性，能有效引导用户点击，而且在后台程序设计上能考虑到用户的使用习惯和心理，让用户轻松地操作比较复杂的商业流程。利用这种得天独厚的优势，借助 Flash 可以系统而完整地解决某些电子商务方案。

（3）音乐领域

在音乐领域，用 Flash 制作的 MTV，能在保质保量的基础上降低唱片宣传的成本，并且能成功地将传统的唱片宣传推广到网络中。

（4）手机领域

随着手机技术的发展与性能的提升，Flash 已逐渐渗透到手机应用服务领域，如手机游戏等，这些手机增值服务越来越吸引人们的注意。

耳闻不如目见，Flash CS5 到底怎样，我们还是亲自体会吧！

二、熟悉 Flash CS5 的工作界面

1. 准备软件

正式使用 Flash CS5 之前，要先确定计算机中已经安装了 Flash CS5，如果是其他版本的 Flash，需要先卸载原版本再重新安装 Flash CS5。

2. 新建文档

新建 Flash 文档的方法很多，常见的有以下两种。

1）在起始页面中，在“新建”区域中选择“ActionScript 3.0”选项，如图 1.3 所示，可直接新建文档。

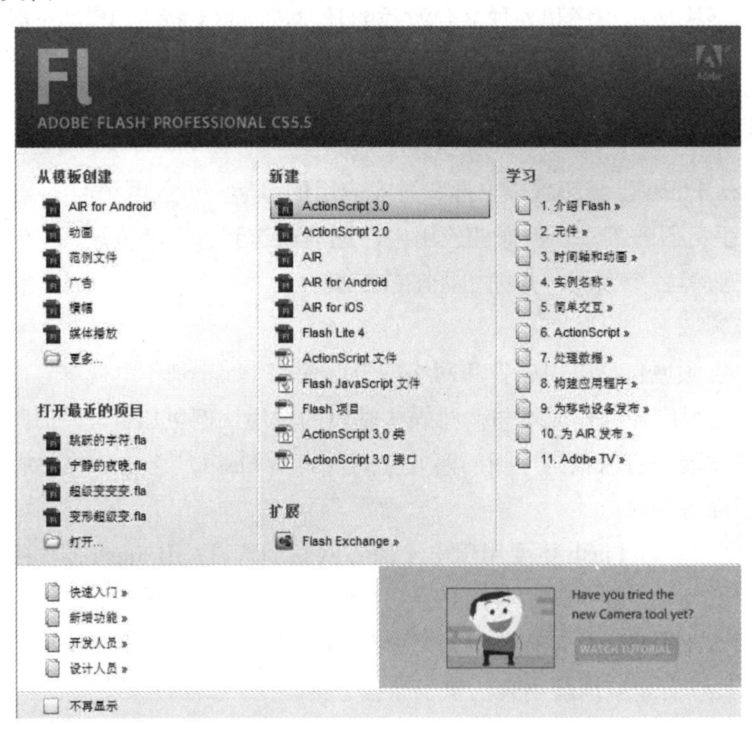

图 1.3　通过起始页面新建文档

2）在菜单栏选择“文件”→“新建”命令或按 Ctrl+N 组合键，在弹出的“新建文档”对话框中选择“ActionScript 3.0”选项，然后单击“确定”按钮，如图 1.4 所示。

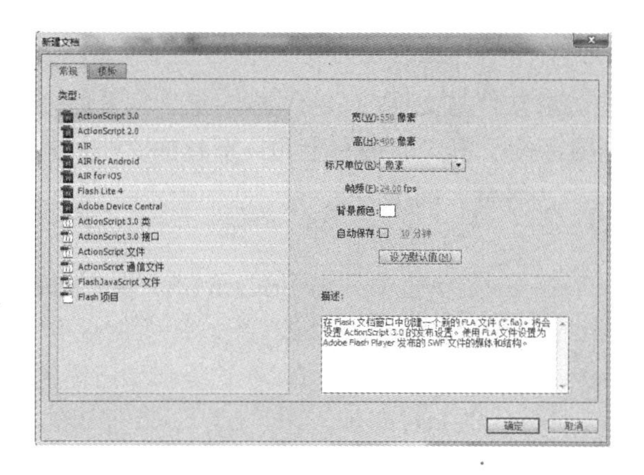

图 1.4 “新建文档”对话框

小贴士

在新建 Flash 3.0 文档时，如果对代码的编辑方法还不太清楚，或只需要对鼠标单击、影片剪辑进行简单的编程时，可以在打开的动作面板中单击“过滤动作”工具箱中显示的项目下拉按钮，在打开的下拉列表框中选择“ActionScript 1.0&2.0”选项，然后在对应操作对象的命令处双击，即可在右侧编辑窗口中显示对应的起始代码，最后根据需要完善脚本。选择“ActionScript 3.0”选项，则只能直接输入脚本，虽也有可以参考的类别，但需要代码录入者具备一定的编程语言功底。本书新建的 Flash 文档有“ActionScript 3.0”和“ActionScript 2.0”两种。

3. 操作界面

Flash CS5 的操作界面主要由标题栏、菜单栏、时间轴、工具箱、场景（舞台）及浮动面板等组成，如图 1.5 所示。

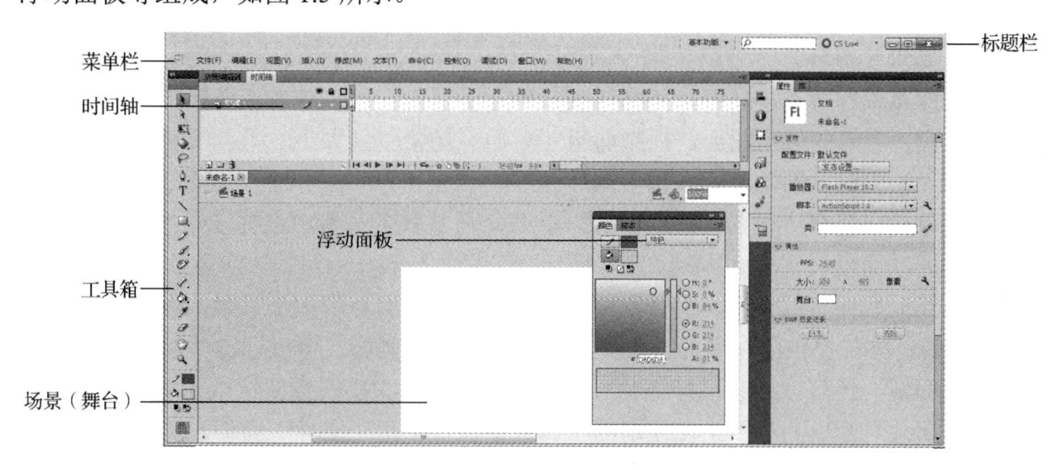

图 1.5 Flash CS5 的操作界面

（1）标题栏

标题栏的左端依次显示软件与文档的名称，右端包含常见的“最小化”“最大化”“关闭”等按钮。菜单控制图标位于窗口的最左上角，新建的文档和打开的文档名称在场景（舞台）的上方。

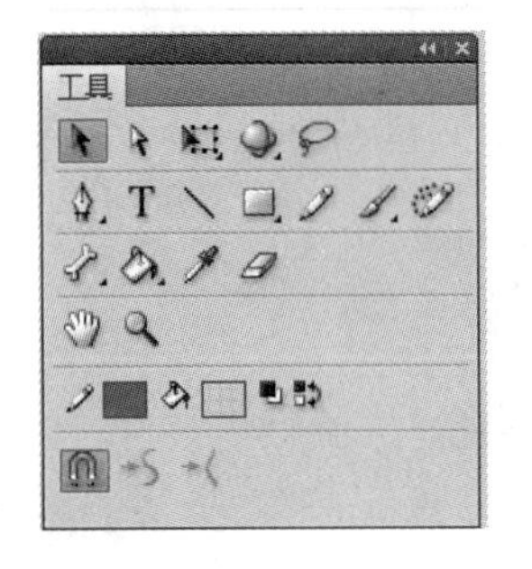

图 1.6　调整大小后的工具箱

（2）菜单栏

菜单栏中列出了 Flash CS5 各个菜单，包括“文件”“编辑”“视图”“插入”“修改”“文本”“命令”“控制”“测试”“窗口”“帮助”等，用户可以在这里找到所需的操作命令按钮。

（3）时间轴

时间轴用于组织和控制文件内容在一定时间内播放。按照功能的不同，时间轴窗口分为左右两部分，左侧为层控制区，右侧为时间线控制区。

（4）工具箱

工具箱又称绘图工具箱，可以通过选择菜单栏的“窗口”→“工具”命令来显示或隐藏工具箱。

与 Flash CS3 单、双列排列方式不一样的是，Flash CS5 工具箱可以根据页面的大小自动调整工具的大小，如图 1.6 所示。但这两者都包含可分别用于绘图、填色、选色、修改图形及改变场景（舞台）视图等不同功能的工具，当鼠标指针移动到某个工具的上方，就会有相应的名称提示。

小贴士

1）不同工具有不同的属性，通过工具箱可为当前选择工具进行属性设置。

2）对于右下角带有黑色小三角的工具，如果按下鼠标左键不放，可以展开同一类别的其他工具选项。

（5）场景（舞台）

场景即常说的舞台，是编辑和播放动画的矩形区域，可以放置、编辑向量插图、文本框、按钮、导入的位图图形、视频剪辑等对象。场景包括大小、颜色等设置。场景是所有动画元素的最大活动空间。像多幕剧一样，场景可以不止一个。要查看特定场景，可以在菜单栏中选择“视图”→“转到”命令，再从其子菜单中选择场景的名称。

（6）浮动面板

使用浮动面板可以查看、组合和更改资源，但由于屏幕的大小有限，为了使工作区最大，Flash CS5 提供了许多种自定义工作区的方式。例如，可以通过“窗口”菜单显示或隐藏面板，还可以通过鼠标拖动方式来调整面板的大小及重新组合面板。

1）“属性”面板。对于正在使用的工具或资源，使用“属性”面板，可以很容易地查看和更改它们的属性，从而简化文档的创建过程。当选定单个对象时，如文本、组件、形状、位图、视频、组、帧等，“属性”面板可以显示相应的信息和参数设置。当选定两个或多个不同类型的对象时，“属性”面板会显示选定对象的总数。

2）“对齐”面板。使用“对齐”面板可以沿选定对象的右边缘、中心或左边缘垂直对齐对象，也可以沿选定对象的上边缘、中心或下边缘水平对齐对象，其具体含义如下。

①“对齐”选项：包括6种对齐方式，从左到右分别为左对齐、水平中齐、右对齐、顶对齐、垂直中齐、底对齐。

②“分布”选项：包括6种分布方式，从左到右分别为顶部分布、垂直居中分布、底部分布、左侧分布、水平居中分布、右侧分布。

③“匹配大小”选项：用于调整多个选定对象的大小，使所有对象的水平或垂直尺寸与所选定的最大对象的尺寸一致。该选项包括3种匹配方式，分别为匹配宽度、匹配高度、匹配宽和高。

④“间隔”选项：用于垂直或水平隔开选定的对象。该选项包括两种间隔对象的方式，分别为垂直平均间隔和水平平均间隔。

⑤“与舞台对齐”选项：如果选中该选项复选框，可将“对齐”“分布”等上述选项相对于“舞台”进行操作。

案例1.1 绘制蛋糕和美酒

设计效果

制作一幅蛋糕加美酒的图片，效果如图1.7所示。

图1.7 蛋糕和美酒效果图

设计思路

1）利用矩形工具绘制图片边框。

2）利用椭圆工具和矩形工具绘制酒杯。

3）利用直线工具和椭圆工具绘制蛋糕和点点星光。

设计步骤

Step1 绘制一个圆角矩形边框。

1）创建一个新的Flash文档，设置舞台大小为550×400像素，背景色为白色。

2）选择矩形工具，在其“属性”面板的“矩形选项”选项组中将“边角半径”设置为60，在“填充和笔触”选项组中将笔触颜色设置为黑色，笔触大小设置为25，无填充色，绘制圆角矩形。

Step2 使用矩形工具和椭圆工具绘制酒杯。

1）选择矩形工具，将矩形边角半径设置为0，将笔触颜色设置为黑色，笔触大小设置为1，填充颜色设置为黑色，绘制矩形。选择椭圆工具，在矩形下方绘制椭圆，使两个图形部分重叠，如图1.8所示。

2）使用选择工具调整矩形，如图1.9所示。

图1.8 设置椭圆和矩形

图1.9 调整矩形

3）使用矩形工具绘制图1.10所示矩形，将其重叠部分及上方多余部分删除。

4）使用矩形工具绘制杯脚。使用椭圆工具绘制杯底。

5）使用选择工具将酒杯全部选中，使用变形工具将酒杯调整到合适的大小，如图1.11所示。

图1.10 绘制矩形

图1.11 绘制酒杯

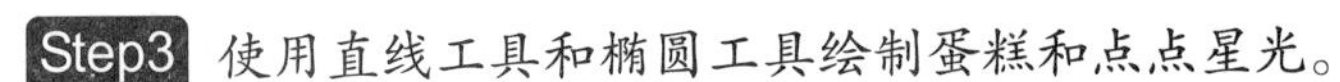

Step3 使用直线工具和椭圆工具绘制蛋糕和点点星光。

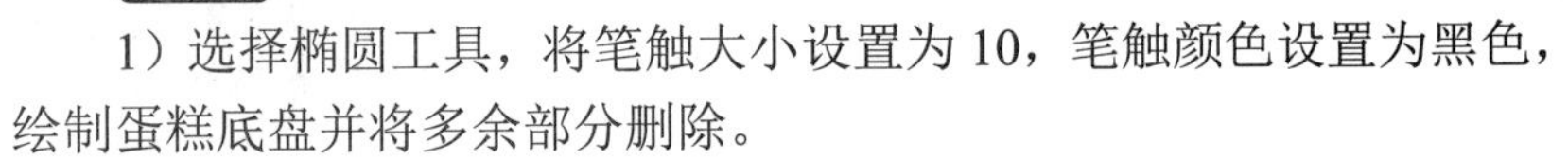

1）选择椭圆工具，将笔触大小设置为10，笔触颜色设置为黑色，绘制蛋糕底盘并将多余部分删除。

2）使用直线工具和椭圆工具绘制蛋糕，如图1.12所示。

3）使用多角星形工具绘制三角形，其余的3个三角形可以通过复制完成。使用变形工具改变它们的方向，如图1.7所示。

4）以文件名“蛋糕和美酒.fla”保存。

图1.12 绘制蛋糕

案例1.2 绘制蘑菇

设计效果

绘制蘑菇，效果如图1.13所示。

图 1.13　绘制蘑菇效果图

设计思路

1）使用 Flash CS5 绘图工具绘制。

2）使用直线工具、铅笔工具、钢笔工具、多边形工具和矩形工具等。

设计步骤

1）新建 Flash 文档，属性采用默认设置。

2）绘制画面背景。修改图层 1 的名称为“背景”图层，单击“背景”图层的第 1 帧，选择矩形工具，在“填充和笔触”选项组中设置笔触颜色为黑色，填充色为透明色。

3）在第 1 帧的舞台中绘制一个与舞台等大的无填充颜色的矩形。

4）在这个矩形中要区分出天空和地面，所以选择直线工具，在矩形的一端按住鼠标左键不放，拖动到另一端，这样就绘制出一条直线，如图 1.14 所示。

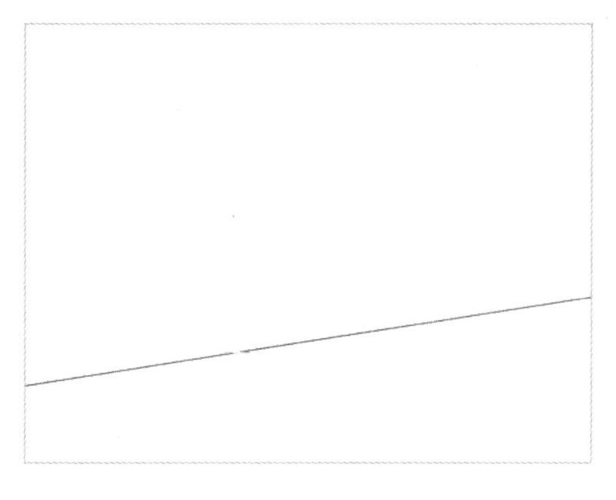

图 1.14　绘制直线

5）用选择工具把这条直线调整为曲线。

至此，背景初步确立了，下面就来填充颜色。

6）选择工具箱中的填充工具，设置填充颜色，完成背景颜色的填充，如图 1.15 所示。

7）绘制蘑菇伞盖，如图 1.16 所示。

图 1.15 填充背景色

图 1.16 绘制蘑菇伞盖

8）插入新图层，用椭圆形工具在蘑菇伞盖上绘制 3 个椭圆形。使用工具箱中的任意变形工具选中刚绘制的椭圆形，则舞台中被选的椭圆形周围出现 8 个自由变形点。通过调整这些变形点，绘制出蘑菇伞盖上的斑点，如图 1.17 所示。

提示：也可以通过选择工具来完成对椭圆形的修改。

9）剪切舞台中的 3 个斑点，复制到“蘑菇”图层，删除伞盖外面的线条。

10）锁定此图层，插入新图层，命名为“菌柄”。选择工具箱中的铅笔工具，在工具箱下面的选项中设置铅笔模式为平滑模式。在“菌柄”图层的第 1 帧绘制一个蘑菇的菌柄，如图 1.18 所示。

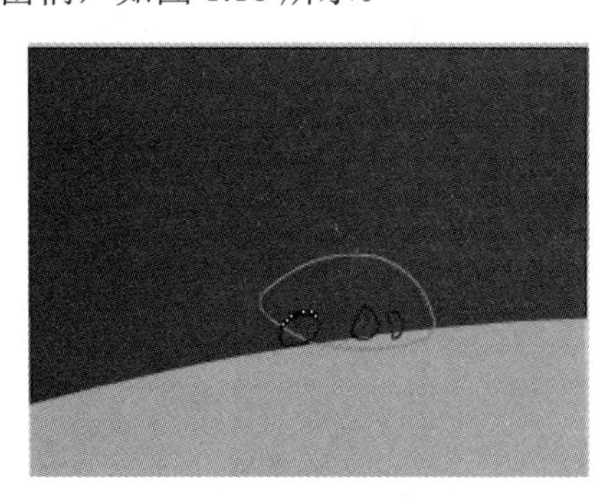

图 1.17 绘制蘑菇伞盖上的斑点

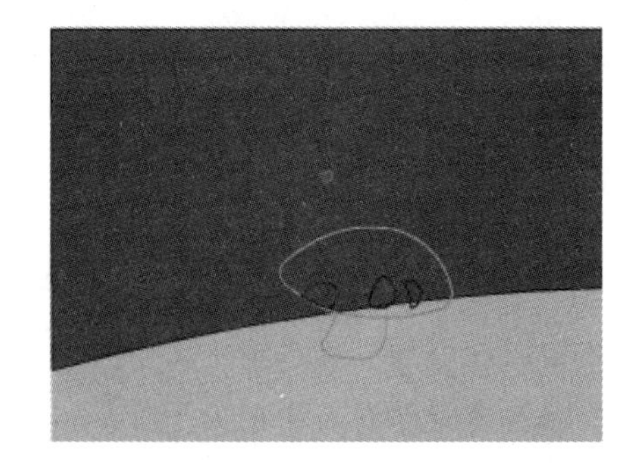

图 1.18 绘制蘑菇的菌柄

11）绘制天上的星星。选择工具箱中的多角星形工具（多角星形工具隐藏在矩形工具中，只要按住矩形工具图标不放，就可以显示多角星形工具）。在其“属性”面板的“工具设置”选项组中单击“选项”按钮，打开“工具设置”对话框，设置样式为“星形”，边数为“5”，星形顶点大小为“0.50”。

12）插入新图层，命名为“星星”。选中“星星”图层的第 1 帧，在舞台上绘制 5 个大小不同的五角星，如图 1.19 所示。

13）插入新图层，命名为“明暗关系”，在第 1 帧处绘制两条直线，选择选择工具，利用鼠标修改直线为曲线。剪切曲线并粘贴到“蘑菇”图层，删除多余的线条。这两条曲线就是蘑菇伞盖上的明暗关系线条。

14）按照同样的方法，绘制菌柄上的明暗关系线条，如图 1.20 所示。

图 1.19　绘制天上的星星

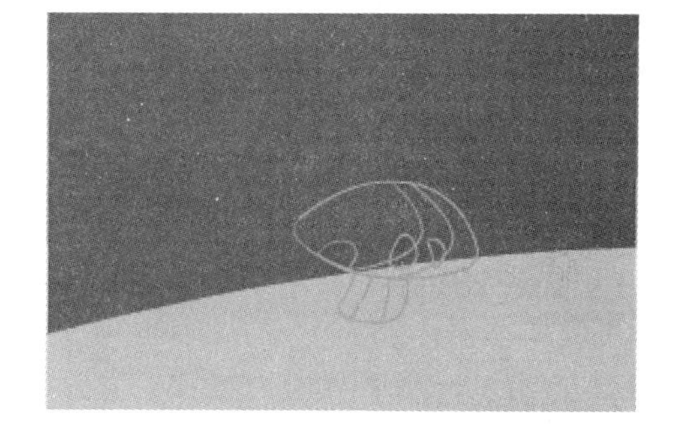

图 1.20　绘制明暗关系线条

15）用颜料桶工具选择合适颜色进行填充，如图 1.21 所示。

16）去掉蘑菇上面的线条。

17）按 Ctrl+Enter 组合键测试效果，并保存文档。

图 1.21　填充颜色

单元2　逐 帧 动 画

知识解读

众所周知，Flash 的主要功能是制作动画，那么其动画制作原理又是什么呢？实际上和传统动画一样，在计算机动画的制作中，也是利用人类视觉暂留的特性，使一幅幅静止的画面连续播放以产生动态效果。为了打下扎实的动画基础，我们必须牢牢掌握一些基本概念。

一、有关帧的概念

1）帧：用于构成动画的一系列画面，它是进行 Flash 动画制作的最基本的单位。一帧就是一幅静止的画面。它在时间轴上显示为灰色填充的小方格，如图 2.1 所示。

2）帧频：动画播放的速度，它以每秒钟播放的帧数为度量单位，Flash 默认的帧频为 12fps。高的帧频可以得到更流畅、更逼真的动画效果。

3）空白帧：没有定义的帧。当用户新建了一个 Flash 文档后，除了第 1 帧外，其余帧都是空白帧，这些帧只有在用户对其进行定义后才有意义。

4）关键帧：用来定义动画变化、更改状态的帧，即舞台上存在实例对象并对其进行编辑的帧。它在时间轴上显示为实心的圆点。

5）空白关键帧：在舞台上没有任何内容的关键帧，用户可自行定义。一旦在空白关键帧上绘制了内容，它就变成了关键帧。它在时间轴上显示为空心的圆点。

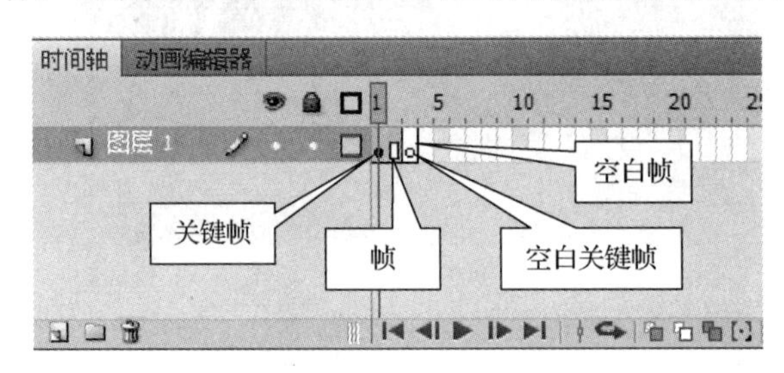

图 2.1　时间轴

二、逐帧动画的优点

逐帧动画是指编辑每一帧中场景的内容，使其连续播放而形成的动画效果。它的优点在于表现力强，常用于表现一些质地柔软、动作复杂，又无规律、形态发生变化的物体动态，如人步行、奔跑、模仿写字效果等。

案例2.1 卡通娃娃360°转身

设计效果

制作一个人物转身的动画，该效果实际上就是让人物的正面、侧面和背面交替出现即可。

卡通娃娃360°转身效果

设计思路

1）利用椭圆工具绘制人物。

2）利用变形工具调整手臂位置。

3）制作转身的动画。

设计步骤

Step1 绘制卡通娃娃。

1）新建一个Flash文档。用椭圆工具画出两个椭圆，如图2.2所示。

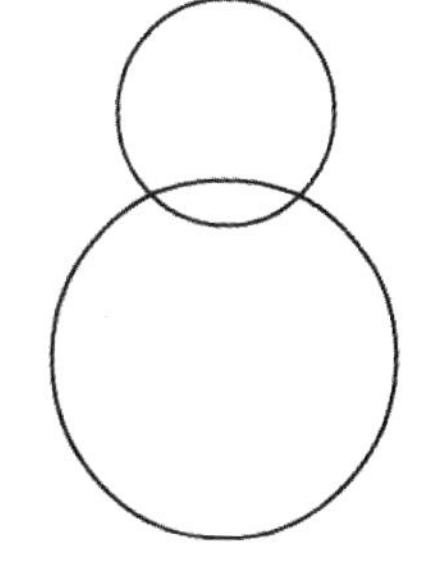

图2.2 绘制两个椭圆

2）用选择工具将两个椭圆的相交线选中，按Delete键删掉。

3）在头顶中间绘制一个小椭圆，并填充红色，作为红头绳。

4）在小椭圆上用直线工具画出如图2.3所示的三角形，并填充黑色，一个滑稽的冲天小辫就绘制好了。

5）用椭圆工具绘制一个黑色的小椭圆作为眼睛，按住Alt键拖动即可复制出另一个。

6）绘制嘴巴。先绘制一个椭圆，再绘制一条直线与它相交，然后把上半部分删掉即可，如图2.3所示。

7）绘制牙齿。用直线工具在嘴巴里面绘制3条竖线。

8）绘制手臂。用椭圆工具绘制一个细长的椭圆，再用变形工具将其调整至合适形状。用选择工具选中手臂与身体相交的线条，按Delete键删掉，再将手臂调整至合适形状。

选中手臂，按Ctrl+D组合键复制一个，在菜单栏中选择“修改”→“变形”→“水平翻转”命令，将其放在身体另一边并删掉相交线。一个卡通娃娃便制作完成了，如图 2.4 所示。

图 2.3　嘴巴的画法

图 2.4　卡通娃娃效果

Step2 制作转身动画。

1）人物转身的效果实际上就是让人物的正面、侧面和背面交替出现。所以，我们只需建立 4 个关键帧，在这 4 个关键帧上分别画上“正面、右侧面、背面、左侧面”的样子就可以了。先在时间轴第 12 帧处按 F5 键插入帧，然后在第 4、7、10 帧处分别按 F6 键插入关键帧。第 1 帧即我们刚才绘制好的正面，如图 2.5 所示。

2）选择第 4 帧，将它修改为侧面。先将一只手臂删除，再将另外一只手臂用变形工具调整到如图 2.6 所示位置。身体上的缺口可用直线工具补上。

图 2.5　插入关键帧

图 2.6　设置第 4 帧

3）删掉一只眼睛，把嘴巴移动到脸的一侧。

4）用选择工具选中身体外的嘴巴线条并按 Delete 键删除，右侧面就绘制好了，如图 2.7 所示。

5）选择第 7 帧，把眼睛和嘴巴都删掉就变成了背面，如图 2.8 所示。

图 2.7　右侧面效果

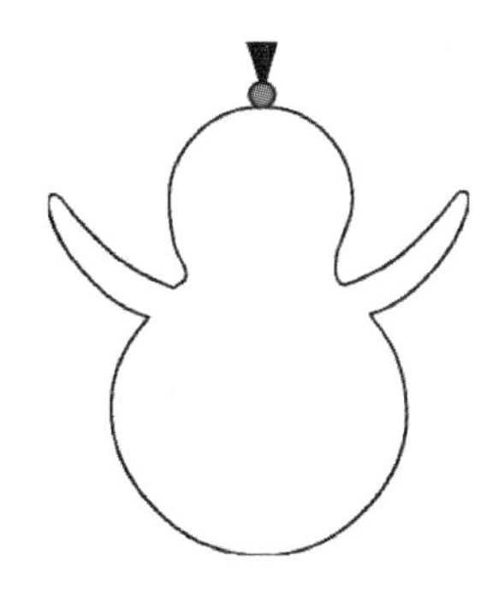

图 2.8　背面

6）在第 10 帧处绘制左侧面。在第 4 帧处右击，在弹出的快捷菜单中选择“复制帧”命令，然后在第 10 帧处右击，在弹出的快捷菜单中选择“粘贴帧”命令，再在菜单栏中选择“修改”→“变形”→“水平翻转”命令，左侧面就绘制好了。

7）按 Ctrl+Enter 组合键测试效果，并保存文档。

案例 2.2　堆雪人

设计效果

制作堆出一个小雪人的动画效果，如图 2.9 所示。

图 2.9　堆雪人效果图

设计思路

1）利用绘制工具制作雪人。

2）利用时间轴来完成堆雪人的动画效果。

设计步骤

1）创建一个新的 Flash 文档，设置舞台大小为 550×400 像素，背景色为白色。

2）在菜单栏中选择“插入”→“新建元件”命令，建立一个类型为“图形”、名称为“背景”的元件，如图 2.10 所示。使用钢笔工具，绘制出背景的基本形状，使用部分选取工具进行修改，如图 2.11 所示。

3）新建图层 2，使用椭圆工具和选择工具，在蓝色背景上绘制椭圆形的土地，如图 2.12 所示。

4）使用多角星形工具绘制圣诞树，如图 2.13 所示。

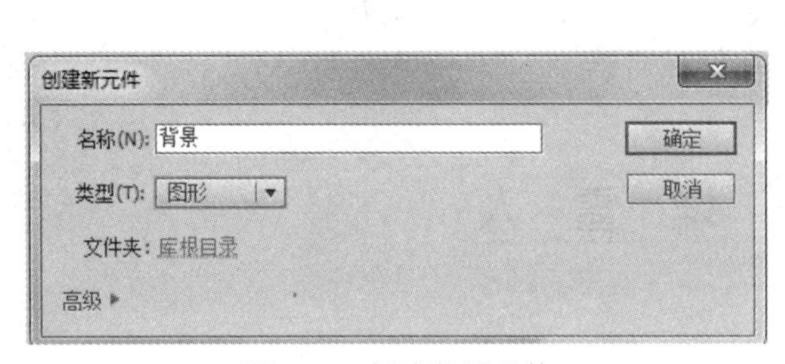

图 2.10　创建背景元件

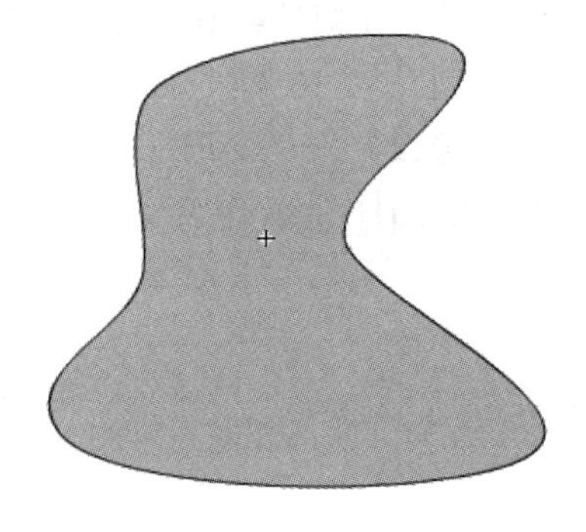

图 2.11　绘制背景

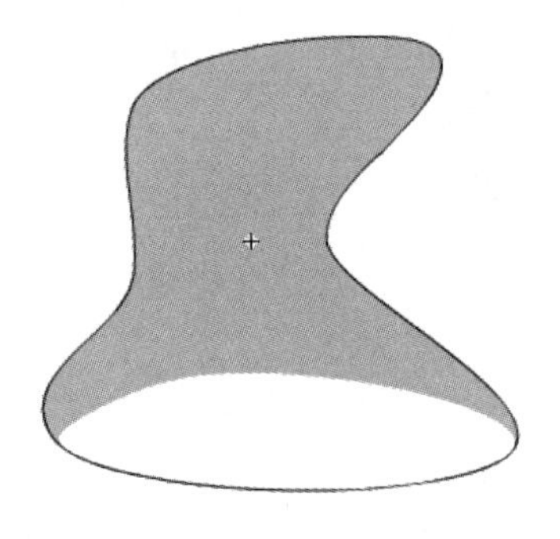

图 2.12　绘制椭圆形的土地

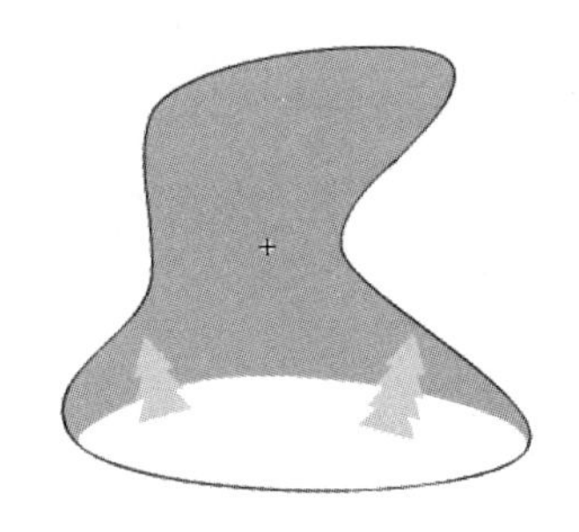

图 2.13　绘制圣诞树

5）在菜单栏中选择“插入”→“新建元件”命令，建立一个类型为“图形”、名称为“body1”的元件，如图 2.14 所示。使用椭圆工具和选择工具绘制雪人的身体，使用橡皮擦工具擦去与地面接触的部分线段，使用铅笔工具绘制地面。

6）按照同样的方法，分别建立“body2”元件（图 2.15）和“head”元件（图 2.16）。

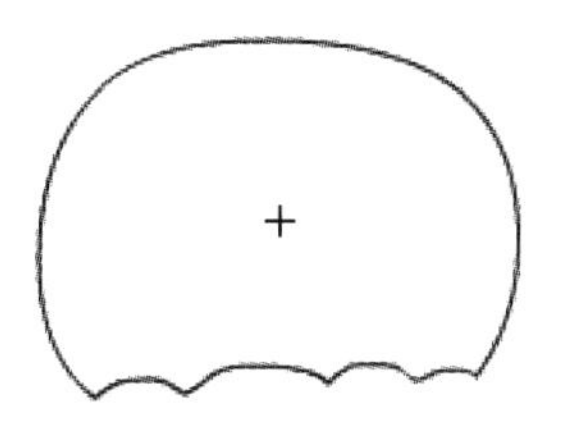

图 2.14　创建 body1

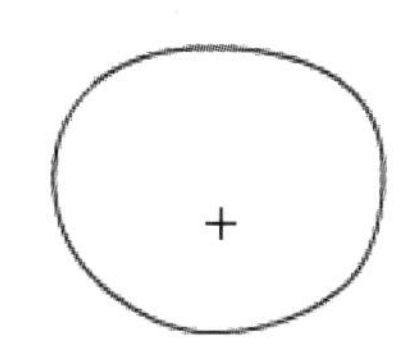

图 2.15　创建 body2

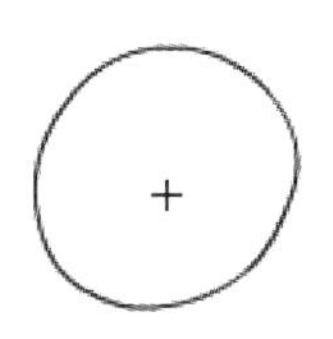

图 2.16　创建 head

7）在菜单栏中选择“插入”→“新建元件”命令，建立一个类型为“图形”、名称为“cap”的元件。使用椭圆工具和选择工具绘制帽檐，如图 2.17 所示。

8）新建图层 2，使用矩形工具、选择工具和变形工具，绘制帽顶，如图 2.18 所示。将图层 2 移动到图层 1 的后面，将图层 1 锁定，并使用橡皮擦工具将多余的部分擦掉。

9）使用矩形工具和选择工具绘制帽子上的颜色条，如图 2.19 所示。

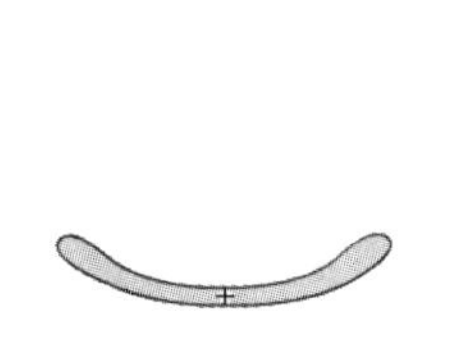

图 2.17　绘制帽檐

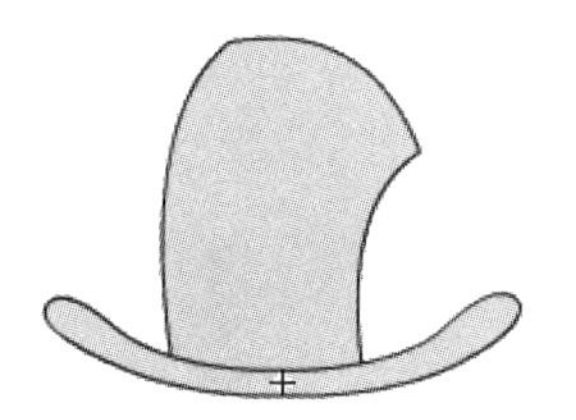

图 2.18　绘制帽顶

图 2.19　绘制颜色条

提示：使用橡皮擦工具时，会将所有图层的经过区域擦除，如只需擦除一个图层中的内容，可先将其他图层锁定，再擦除即可。

10）在菜单栏中选择“插入”→“新建元件”命令，建立一个类型为“图形”、名称为“eye”的元件（图 2.20）。使用椭圆工具绘制眼睛。

11）在菜单栏中选择“插入”→“新建元件”命令，建立一个类型为“图形”、名称为“nose”的元件（图 2.21）。使用椭圆工具和选择工具绘制鼻子。

12）在菜单栏中选择“插入”→“新建元件”命令，建立一个类型为“图形”、名称为“mouth”的元件（图 2.22）。使用铅笔工具绘制嘴巴。

图 2.20　“eye”元件

图 2.21　“nose”元件

图 2.22　“mouth”元件

13）在菜单栏中选择“插入”→“新建元件”命令，建立一个类型为“影片剪辑”、名称为“arml”的元件，分别在第 1、10、20 帧，使用刷子工具绘制雪人的手臂，如图 2.23 所示。

图 2.23 绘制雪人的手臂

14）选择第 20 帧，右击，在弹出的快捷菜单中选择“动作”命令。打开“动作”面板，为当前帧添加“stop”的动作。

小贴士

在此处添加帧动作的目的在于让画面停止，使手臂效果只出现一次。

15）在菜单栏中选择“插入”→“新建元件”命令，建立一个类型为“影片剪辑”、名称为“arm2”的元件（图 2.24）。

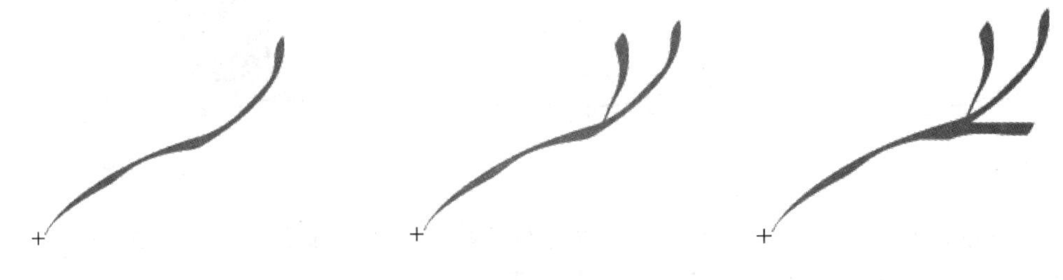

图 2.24 “arm2”元件

16）返回主场景，在第 10 帧处按 F6 键插入关键帧，将库中“body1”元件拖动到舞台中，并使用变形工具和选择工具改变其大小和位置。

17）按照同样的方法，每隔 10 帧按 F6 键插入关键帧，分别把库中的“body2”“head”“eye”“nose”“mouth”“cap”等元件拖动到舞台。

18）在第 80 帧处按 F6 键插入关键帧，将库中“arm1”元件拖动到舞台，并使用变形工具和选择工具改变其大小和位置。在第 100 帧处按 F6 键插入关键帧，将库中“arm2”元件拖动到舞台，并使用变形工具和选择工具改变其大小和位置。在第 140 帧处按 F5 键插入普通帧。

19）按 Ctrl+Enter 组合键测试动画效果，并保存文档。

单元3　形状补间动画

知识解读

1. 形状补间动画的概念

形状补间动画是指在 Flash 的时间轴窗口的一个关键帧中绘制一个形状，然后在另一个关键帧中更改该形状或绘制另一个形状，Flash 会根据两者之间的形状来创建动画。

2. 形状补间动画的特点

1）形状补间动画可以实现两个图形之间的颜色、形状、大小、位置的相互变化。

2）形状补间动画只能针对分散的矢量图形创建。

3）形状补间动画创建好之后，时间轴窗口的背景色变为淡绿色，在起始帧和结束帧之间有一个长长的箭头。如果箭头变为虚线，则说明制作不成功，造成这个问题的主要原因是某个关键帧上的图形没有被分离。

3. 创建形状补间动画的方法

在一个关键帧上设置要变形的图形，在另一个关键帧上改变这个图形的形状或颜色，或重新创建图形，右击两个关键帧之间的任意帧，在弹出的快捷菜单中选择“创建补间形状”命令，或在菜单栏中选择“插入”→“补间形状”命令，即可创建形状补间动画。

案例3.1　超级变变变

设计效果

制作“超级变变变”动画，实现一个圆形逐渐转化成其他几何图形的效果。

超级变变变动画效果

设计思路

1）插入多个关键帧，利用绘图工具绘制图形。

2）创建形状补间动画。

设计步骤

1）创建一个新的 Flash 文档，设置舞台大小为 550×400 像素，背景色为白色。

2）分别选择第 1、10、20、30、40、50 帧，按 F6 键插入关键帧。

3）选择第 1 帧，选择椭圆工具，展开其“属性”面板，设置笔触颜色为无，填充颜色为紫色。按 Shift 键，在主场景中绘制一个圆。

4）按 Ctrl+K 组合键打开“对齐”面板，使圆相对于舞台中心左对齐。

5）选择第 10 帧，使用椭圆工具，按 Shift 键，在主场景中绘制一个笔触颜色为无、填充颜色为红色的圆。

图 3.1　绘制两个圆

6）按 Alt+Shift 组合键，水平复制一个圆，使两圆相交，如图 3.1 所示。

7）使用部分选取工具，删除并调整图形的节点，最终形成一个心形。

8）按 Ctrl+K 组合键打开“对齐”面板，使心形相对于舞台中心上对齐。

9）选择第 20 帧，选择多角星形工具，展开其“属性”面板，设置笔触颜色为无，填充颜色为黄色。单击“工具设置”选项组中的“选项”按钮，在弹出的“工具设置”对话框中设置样式为“星形”，边数为“6”，星形定点大小为“0.5”。

10）在主场景中绘制一个六角星形。

11）按 Ctrl+K 组合键打开“对齐”面板，使星形相对于舞台中心右对齐。

12）选择第 30 帧，使用椭圆工具在主场景中绘制一个笔触颜色为无、填充颜色为绿色的椭圆。

13）选中椭圆，使用任意变形工具，将其变形中心移至椭圆的下端，如图 3.2 所示。

14）按 Ctrl+T 组合键打开“变形”面板，设置旋转度数为 60°，单击下方的“重制选区和变形”按钮 6 次。

15）按 Ctrl+K 组合键打开“对齐”面板，使图形相对于舞台中心底部对齐。

16）选择第 40 帧，使用椭圆工具，在主场景中绘制一个笔触颜色为无、填充颜色为橘色的椭圆。

17）选中椭圆，使用变形工具，将其变形中心移至椭圆的下方，如图 3.3 所示。

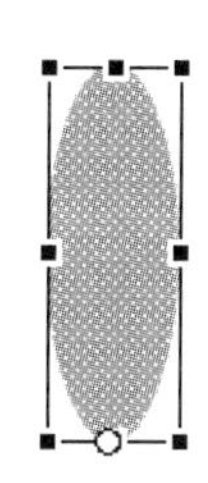

图 3.2 调整椭圆变形中心至椭圆下端

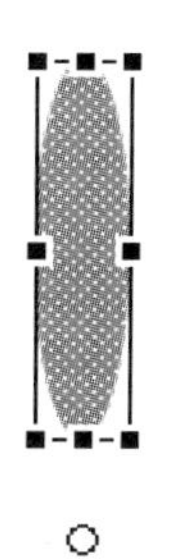

图 3.3 调整椭圆变形中心至椭圆下方

18）按 Ctrl+T 组合键打开“变形”面板，设置旋转度数为 60°，单击下方的“重制选区和变形”按钮 6 次。

19）选择第 50 帧，选中图形，按 Ctrl+T 组合键打开“变形”面板，设置宽度和高度都为 500%，如图 3.4 所示。

20）选中图形，在菜单栏中选择“窗口”→“颜色”命令，打开“颜色”面板，将填充颜色的 Alpha 值设为 0%，按 Enter 键。

21）分别选择第 1、10、20、30、40 帧，创建形状补间动画。

22）按 Ctrl+Enter 组合键测试动画，并以文件名“超级变变变.fla”保存。

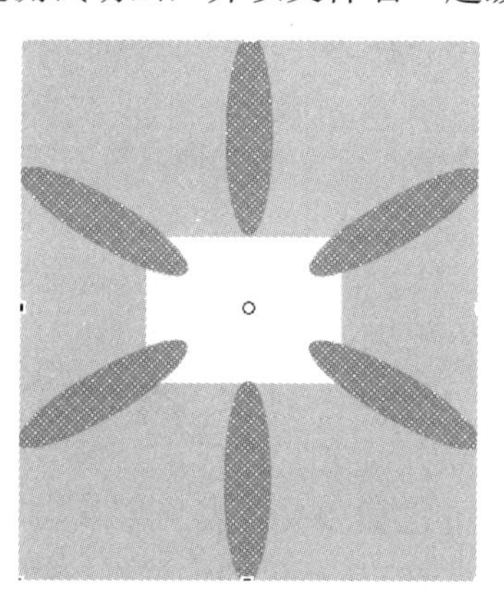

图 3.4 设置图形变形效果

案例 3.2 超级变形

设计效果

超级变形动画效果

制作“超级变形”动画，实现自定义图形自动旋转变形效果。

设计思路

1）绘制图形。

2）自定义渐变填充。

3）制作形状补间动画。

4）加入自定义线型的边框。

设计步骤

1）创建一个新的 Flash 文档，大小为 300×300 像素，设置背景色为黑色。

2）按 Ctrl+F8 组合键创建图形元件，命名为“a”。进入图形元件的编辑界面。

3）选择椭圆工具，设置填充色为任意颜色，笔触颜色为无，然后按住 Shift 键绘制一个正圆，用选择工具选中圆的右半边，按 Delete 键删除，只剩下左边的半圆。

4）设置另外一种填充色，绘制一个正圆，圆的直径和步骤 3）所绘制圆的半径相同，将这个圆移到半圆的中间，取消选择，然后选中小圆，按 Delete 键，这样就将大半圆中间的小圆删除了。再将半圆的下方删除。

5）选择颜料桶工具，然后在“颜色”面板中设置渐变为径向渐变，左边的颜色控制点为白色，右边的颜色控制点为绿色（颜色值为#00FF00）。

6）选择颜料桶工具，在前面制作的图形中单击，进行渐变填充，填充效果如图 3.5 所示。

7）按 Ctrl+E 组合键返回场景，将 a 元件拖入舞台中，使其居于舞台中间，然后按 Ctrl+B 组合键对其进行分离。

8）在第 5、15 帧处按 F6 键插入关键帧，然后将第 15 帧的图形顺时针旋转 90°，在第 5 帧处设置形状补间动画。效果如图 3.6 所示。

9）在第 20、30 帧处按 F6 键插入关键帧，然后将第 30 帧的图形顺时针旋转 90°，在第 20 帧处设置形状补间动画。

10）在第 35、45 帧处按 F6 键插入关键帧。选择第 45 帧，将图形复制 3 次，分别进行垂直翻转、水平翻转，按照图 3.7 所示的位置进行摆放，使其居中于舞台。在第 35 帧处设置形状补间动画。

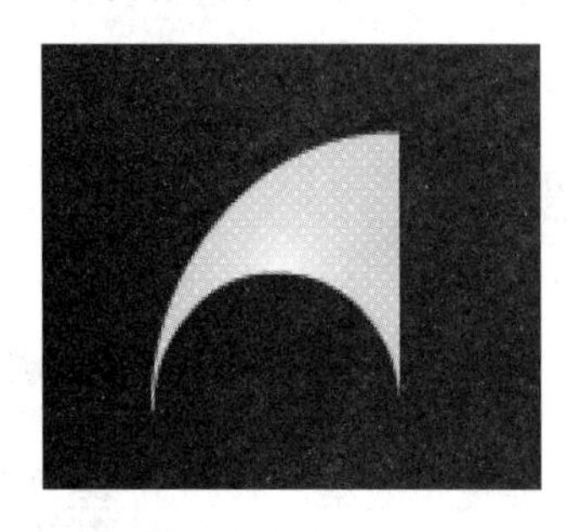

图 3.5　效果（一）

图 3.6　效果（二）

11）在第 50、60 帧处按 F6 键插入关键帧。选择第 60 帧，将左上角的图形逆时针旋转 90°；将右上角的图形逆时针旋转 90°，再水平翻转；将左下角的图形垂直翻转；将右下角的图形逆时针旋转 90°。效果如图 3.8 所示。在第 50 帧处设置形状补间动画。

12）在第 65、75 帧处按 F6 键插入关键帧。选择第 75 帧，将左上角的图形顺时针旋转 90°；将左下角的图形逆时针旋转 90°；将右下角的图形顺时针旋转 90°。效果如图 3.9 所示。在第 65 帧处设置形状补间动画。

13）在第 80、90 帧处按 F6 键插入关键帧。选择第 90 帧，将 4 个图形分别逆时针旋转 90°。效果如图 3.10 所示。在第 80 帧处设置形状补间动画。

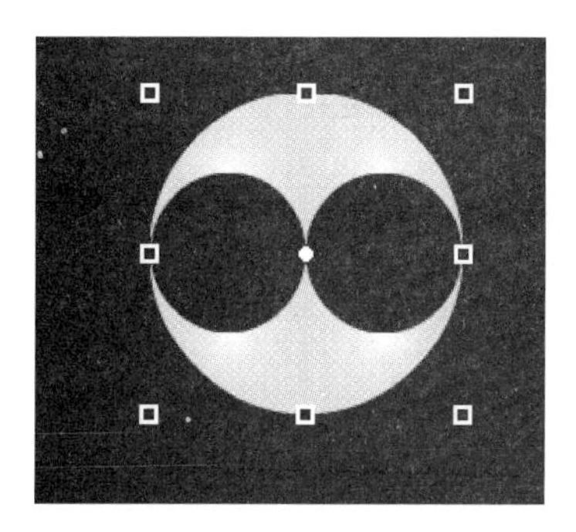

图 3.7　第 45 帧效果

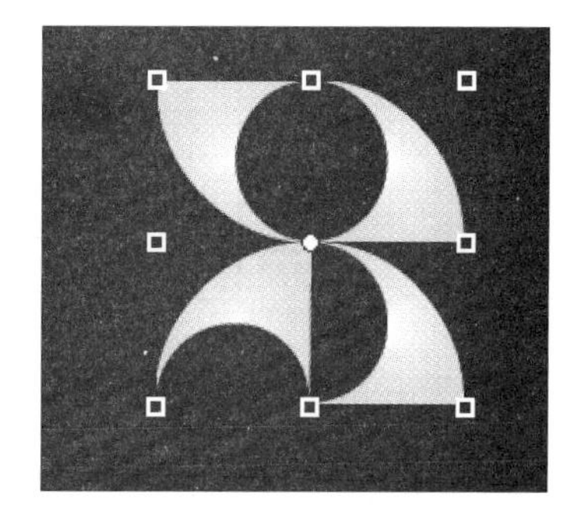

图 3.8　第 60 帧效果

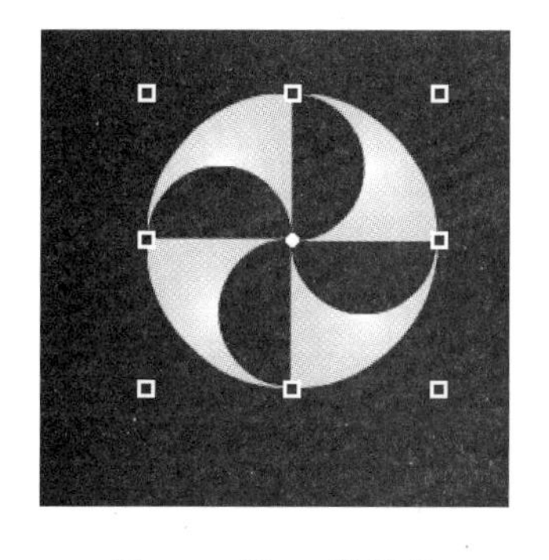

图 3.9　第 75 帧效果

图 3.10　第 90 帧效果

14）在第 95、105 帧处按 F6 键插入关键帧。选择第 105 帧，将左上角、右上角及右下角的图形删去，然后使剩下的左下角的图形居中于舞台。在第 95 帧处设置形状补间动画。

15）在第 110、120 帧处按 F6 键插入关键帧，然后选择第 120 帧，将图形逆时针旋转 90°，在第 110 帧处设置形状补间动画。

16）在第 125、135 帧处按 F6 键插入关键帧。然后选择第 1 帧的图形，按 Ctrl+C 组合键复制，在第 135 帧处按 Ctrl+Shift+V 组合键原位粘贴。在第 120 帧处设置形状补间动画。

17）至此，变形动画制作完成了，可以按 Ctrl+Enter 组合键测试效果。

18）在变形动画外加一个圆框。建立新图层，选择椭圆工具，设置填充颜色为无，笔触颜色为绿色，笔触大小为10，然后设置样式为斑马线，并单击“编辑笔触样式”按钮，在弹出的“笔触样式”对话框中对笔触样式进行设置（图3.11）。

19）选择椭圆工具，按住 Shift 键在编辑区绘制一个圆，使其居中于舞台，大小为能包括变形动画。

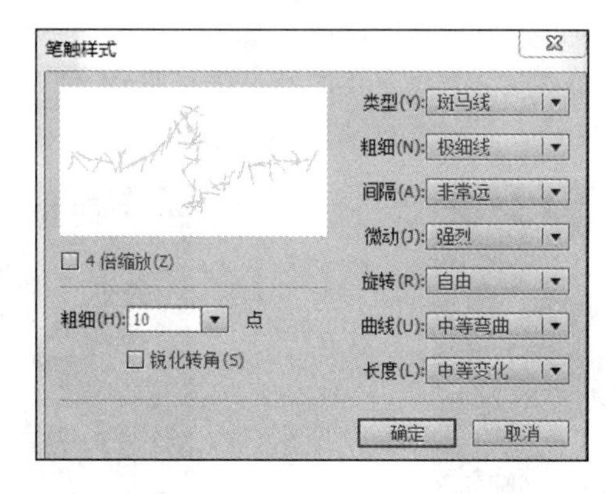

图3.11　设置笔触样式

单元 4　传统补间动画

知识解读

传统补间动画是在两个关键帧端点之间，通过改变舞台上元件的位置、大小、旋转角度、色彩变化等属性，由程序自动创建中间过程的运动变化而实现的动画。

正确创建传统补间动画的条件如下。

1）被操作对象必须在同一图层上。

2）动作不能发生在多个对象上。

3）被操作的对象不能是矢量图形，可以是文字、元件或组合。

形状补间动画和传统补间动画的区别如表 4.1 所示。

表 4.1　形状补间动画和传统补间动画区别一览表

项目	形状补间动画	传统补间动画
概念	在一个关键帧中绘制一个形状，然后在另外一个关键帧更改或绘制另一个形状，Flash 根据二者间形状创建的动画	在一个关键帧中设置一个元件，然后在另外一个关键帧改变这个元件的大小、颜色、位置、透明度等，Flash 据二者间形状创建的动画
构成元素	形状。如果使用图形元件、按钮、文字，则必须先打散再变形	元件。包括影片剪辑、图形元件、按钮、文字、位图、组合元件，但不能使用形状。只有把形状“组合”或转化成“元件”方可
时间轴表现	淡绿色背景下，起始帧到结束帧间一个长长的箭头	淡紫色背景下，起始帧到结束帧间一个长长的箭头
创建方法	右击开始帧，在弹出的快捷菜单中选择“创建补间形状”命令	右击开始帧，在弹出的快捷菜单中选择“创建传统补间”
完成作用	实现两个形状间的变化或一个形状的大小、位置、颜色等的变化	实现一个元件的大小、位置、颜色、透明度等的变化

案例 4.1　宁静的夜晚

设计效果

制作一幅宁静的夜晚的美景图片，效果如图 4.1 所示。

图 4.1　宁静的夜晚效果图

设计思路

1）利用矩形工具、椭圆工具和多角星形工具绘制背景、山丘、月亮、星星、村舍和树木。

2）利用时间轴来完成星星的闪烁效果。

3）利用补间形状完成山间小路的动画效果。

设计步骤

1）创建一个新的 Flash 文档，设置舞台大小为 550×400 像素，背景色为白色。

2）使用矩形工具绘制圆角矩形背景。对于圆角矩形，需设置适当的笔触颜色和矩形边角半径。

3）在菜单栏中选择“插入”→“时间轴”→“图层”命令，新建图层 2，并在当前层使用椭圆工具绘制山丘，注意绘制的顺序。

4）将圆角矩形的边框选中，剪切到图层 2。

5）将多余部分删除，包括圆角矩形的边框，效果如图 4.2 所示。

图 4.2　删除多余部分

6）创建图形元件“月亮”，使用椭圆工具绘制月亮。先后绘制两个颜色和大小均不同的圆，将其叠加在一起，并将多余部分删除。

7）创建图形元件“星星”，使用多角星形工具绘制星星。创建图形元件“村舍”，使用矩形工具、椭圆工具和选择工具绘制村舍，如图4.3所示。创建图形元件“树木”，使用矩形工具和多角星形工具绘制树木，如图4.4所示。

图4.3　绘制村舍

图4.4　绘制树木

8）返回主场景，新建图层3，将库中元件“月亮”“星星”“村舍”“树木”拖动到舞台中，摆放至合适位置。

9）设置部分星星图形属性中色彩效果Alpha的值，即透明度。

10）新建图层4，制作星星闪烁的动画。将库中的图形元件“星星”拖动到舞台中，在第20帧处按F6键插入关键帧，分别调整两个关键帧中“星星”图形的属性，设置它们的透明度，并添加补间动画（右击帧，在弹出的快捷菜单中选择“创建补间动画”命令）。按照此方法，设置其他星星的动画。

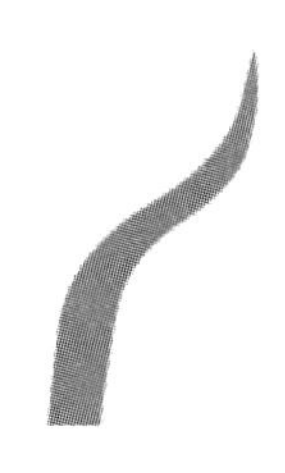

图4.5　绘制小路

11）新建图层5，使用椭圆工具和选择工具绘制弯曲的小路，如图4.5所示。

小贴士

在制作星星闪烁效果的时候，可以通过设置不同的起始帧和不同的透明度来达到不同的效果。我们可以设置多个图层，这样效果会更好。

12）在第60帧处按F6键添加关键帧，返回第1帧，删除小路的多余部分，只留一个点。在第1帧处右击，在弹出的快捷菜单中选择“创建补间形状”命令，添加补间形状，制作小路慢慢延伸的动画。

13）按Ctrl+Enter组合键测试动画效果，并保存文档。

案例 4.2 跳跃的字符

设计效果

制作文字逐一跳跃出现再消失的效果，如图 4.6 所示。

图 4.6 跳跃的字符效果图

设计思路

1）从外部导入图片制作背景。

2）制作文字逐一出现的动画效果。

设计步骤

1）创建一个新的 Flash 文档，设置舞台大小为 500×200 像素，背景色为白色。

2）使用矩形工具绘制 500×200 像素的矩形，使用颜料桶工具填充蓝白渐变颜色，其中蓝色颜料桶的 Alpha 值为 50%。

3）新建图层 2，使用铅笔工具，将笔触颜色设置为黑色，笔触大小设置为 5，绘制梯形，如图 4.7 所示。

4）创建图形元件“音符 1”，使用椭圆工具、直线工具和铅笔工具绘制音符，如图 4.8 所示。

5）创建图形元件“音符 2”，使用椭圆工具、直线工具绘制音符，如图 4.9 所示。

6）在菜单栏中选择“文件”→“导入”→“导入到库”命令，将素材“WML”导入。

7）返回主场景，将库中元件“音符 1”“音符 2”“WML”拖动到舞台中，并摆放至合适位置，如图 4.10 所示。

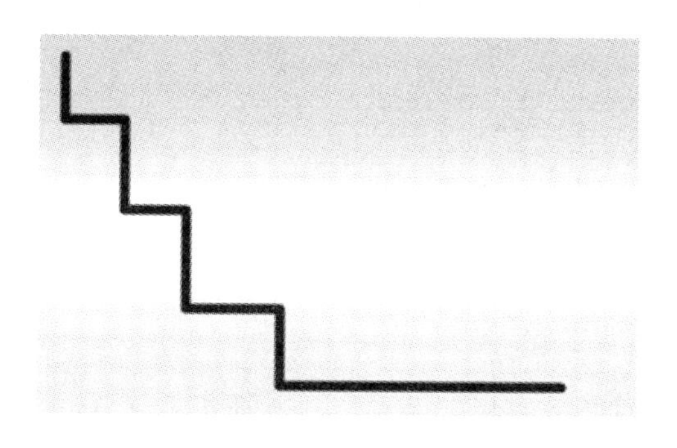

图 4.7 绘制梯形

图 4.8 绘制音符（一）

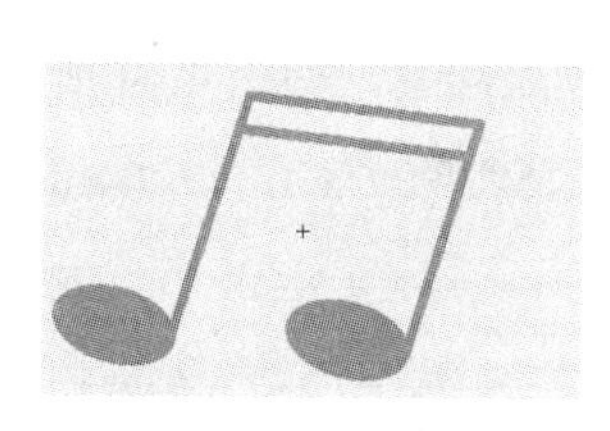

图 4.9 绘制音符（二）

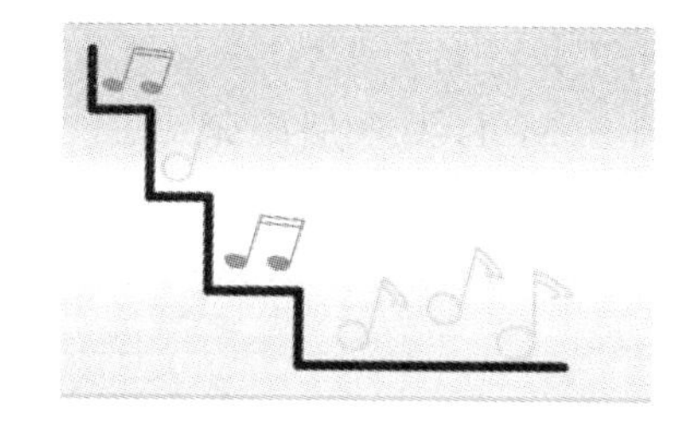

图 4.10 将元件摆放至合适位置

8）新建图层 3，使用文本工具 T 输入文字“MUSIC”，如图 4.11 所示，可在其“属性”面板设置文字格式。

9）选中文字，在菜单栏中选择“修改”→“分离”命令，将文字分离成字母。右击，在弹出的快捷菜单中选择“分散到图层”命令，并将原来的图层 3 删除，如图 4.12 所示。

10）选择 M 图层，在第 5、10、15、20、25 帧处按 F6 键插入关键帧，选中第 1、15、20 帧中的文字，使其向上移动，并在第 1、5、10、15、20 帧处添加补间动画。

图 4.11 输入文字“MUSIC”

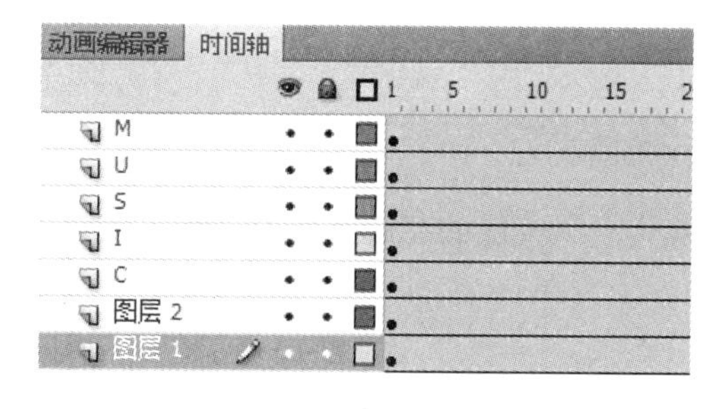

图 4.12 将文字分散到图层

11）选择 U 图层，将第 1 帧移动到第 3 帧位置，在第 3、8、13、18、23、28 帧处插入关键帧，分别使第 3、13、23 帧处的文字向上移动，并在第 3、8、13、18、23 帧处添加补间动画。

12）按照相同的方法，设置其他文字图层，效果如图 4.13 所示。

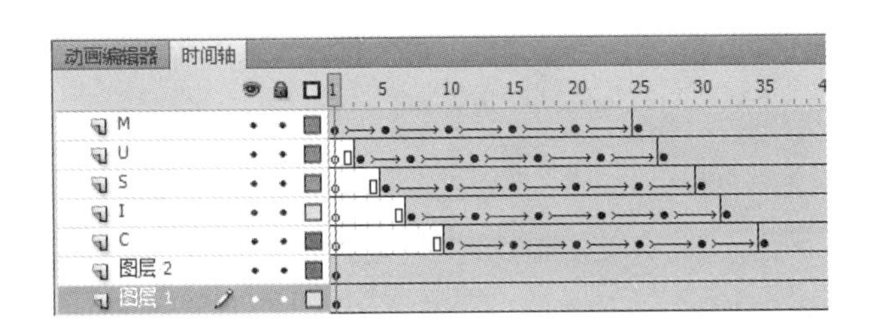

图 4.13　设置文字图层

13）选择 M 图层，在第 45、60 帧处按 F6 键插入关键帧，选择第 60 帧中的文字，使用变形工具将文字变大，并设置 Alpha 值为 0%，在第 45 帧处添加补间动画。

14）选择 U 图层，在第 48、63 帧处按 F6 键插入关键帧，选择第 63 帧中的文字，使用变形工具将文字变大，并设置 Alpha 值为 0%，在第 48 帧处添加补间动画。按照同样的方法为 S、I、C 图层添加图层，所有图层在第 75 帧处结束，如图 4.14 所示。

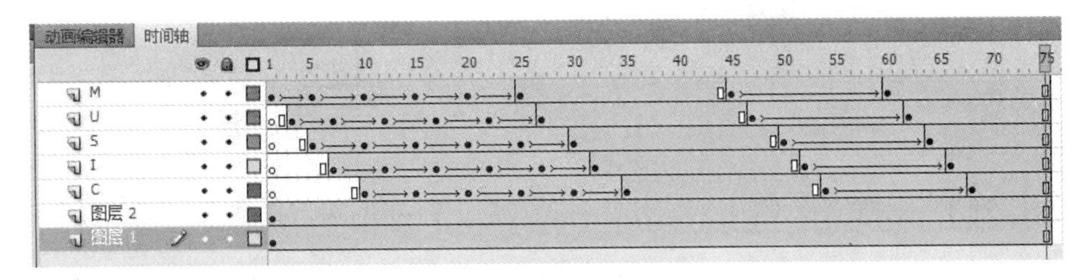

图 4.14　设置时间轴

15）按 Ctrl+Enter 组合键测试动画效果，并保存文档。

案例 4.3　花　瓶

设计效果

制作一只美丽的花瓶并配以古诗，效果如图 4.15 所示。

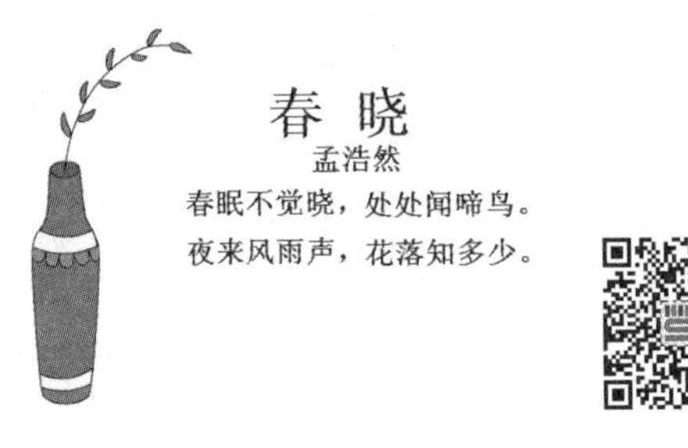

图 4.15　花瓶效果图

设计思路

1）使用绘图工具绘制花瓶。

2）制作树叶摆动的动画效果。

3）制作古诗出现的动画效果。

设计步骤

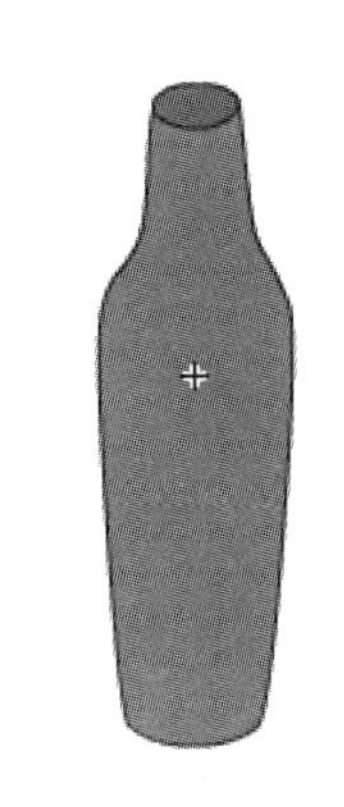
图 4.16 绘制瓶颈

1）创建一个新的 Flash 文档，设置舞台大小为 550×400 像素，背景色为白色。

2）在菜单栏中选择“插入”→“新建元件”命令，建立一个类型为“图形”、名称为“花瓶”的元件。绘制花瓶的基本形状。

3）新建图层 2，使用椭圆工具绘制瓶颈，如图 4.16 所示。

4）新建图层 3，使用矩形工具和选择工具绘制瓶身线条。

5）新建图层 4，使用铅笔工具绘制瓶身花纹。

6）新建图层 5，使用颜料桶工具给花纹填充颜色，如图 4.17 所示，同时将图层 5 移到图层 3 的后面。

7）在菜单栏中选择“插入”→“新建元件”命令，建立一个类型为“影片剪辑”、名称为“树枝”的元件。

8）使用铅笔工具、椭圆工具和选择工具绘制树枝和树叶。

9）使用套索工具将树枝和树叶全部选中，右击，在弹出的快捷菜单中选择“转化为元件”命令，在弹出的“转换为元件”对话框中设置名称为“树叶”，类型为“图形”，将其转化为图形元件。

10）使用变形工具将树枝的中心点移至左下角，如图 4.18 所示。

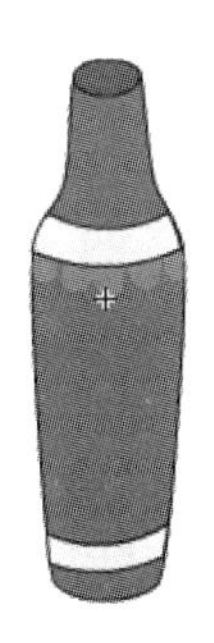
图 4.17 给花纹填充颜色

图 4.18 树枝的中心点

11）返回“树枝”影片剪辑元件的编辑状态，在第 20 帧处按 F6 键插入关键帧，使用变形工具改变一定角度。在第 1 帧处右击，在弹出的快捷菜单中选择“创建传统补间”命令，创建传统补间动画。

12）在菜单栏中选择“插入”→“新建元件”命令，建立一个类型为“影片剪辑”、名称为“古诗”的元件。

13）将古诗的标题、作者、每句诗都制作成图形元件，分别命名为“标题”“作者”“第一句”“第二句”“第三句”“第四句”。

14）返回“古诗”影片剪辑元件的编辑状态，将库中元件“标题”“作者”“第一句”“第二句”“第三句”“第四句”分别拖动到舞台中放置在不同的图层并摆放好位置。在图层 1 第 10 帧处插入关键帧，并将文字对象向上移动，选中第 1 帧中的文字对象，设定其 Alpha 值为 0%，创建传统补间动画。按照同样的方法设置其他图层，后面图层的起始帧为前一图层的结束帧。在所有图层的第 100 帧处插入帧，如图 4.19 所示。

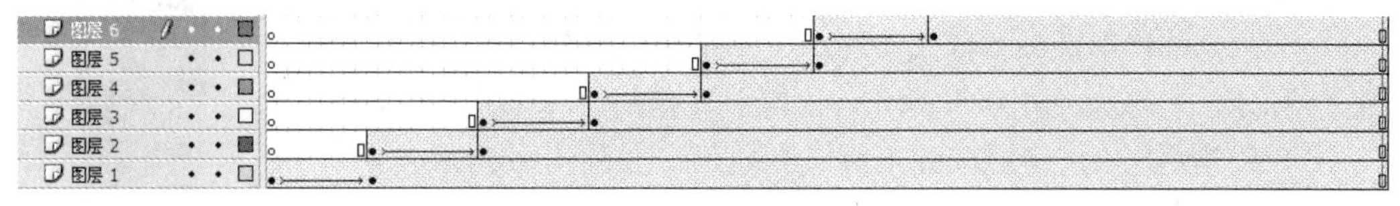

图 4.19　时间轴

15）返回主场景，将库中元件“花瓶”“树枝”“古诗”拖动到舞台中，并摆放至合适位置。

16）按 Ctrl+Enter 组合键测试动画效果，并以文件名“花瓶.fla”保存。

案例 4.4　花 朵 绽 放

设计效果

制作动画，实现花朵逐渐绽放并随风微微摇曳，旁边文字渐渐显现的效果，如图 4.20 所示。

图 4.20　花朵绽放效果图

设计思路

1）利用直线工具、椭圆工具和变形工具绘制花朵。

2）利用橡皮擦工具和“翻转帧”命令制作花朵绽放的动画。

3）利用文本工具创建文本“FLOWER”。

4）利用橡皮擦工具和“翻转帧”命令制作文字渐渐显现的动画。

设计步骤

1）创建一个新的 Flash 文档，设置舞台大小为 500×400 像素，背景色为淡蓝色。

2）使用直线工具绘制花朵的茎，并使用选择工具调整它的弧度，如图 4.21 所示。

3）使用橡皮擦工具，沿逆着茎生长的方向由上向下逐帧擦除。

4）选择图层 1 的所有帧，右击，在弹出的快捷菜单中选择“翻转帧”命令，使动画翻转。

5）选择第 13 帧，按 F6 键插入关键帧，使用椭圆工具绘制一片橘色的花瓣。选中花瓣，在菜单栏中选择“修改”→“组合”命令。

6）使用变形工具把花瓣中心点移到花瓣底部的中间位置，在“变形”面板中设置旋转角度为 30°，单击“重置选区和变形”按钮，即可复制出一组花瓣，如图 4.22 所示。

图 4.21　绘制花朵的茎

图 4.22　绘制一组花瓣

7）按逆时针方向逐帧删除花瓣，如图 4.23 所示。

8）选择第 13～20 帧，右击，在弹出的快捷菜单中选择“翻转帧”命令，使动画翻转。新建图层 2，选择第 20 帧，按 F6 键插入关键帧。

9）使用文本工具 T，在花朵旁输入文本“FLOWER”，如图 4.24 所示。

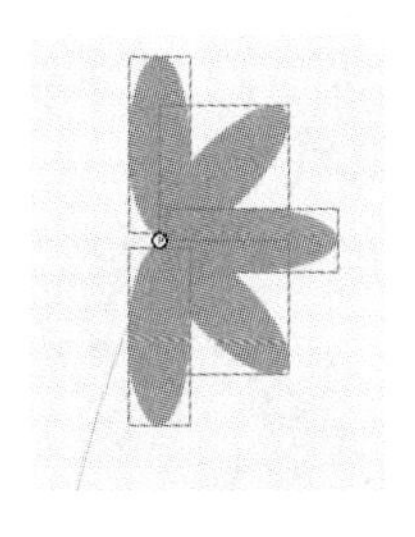

图 4.23　删除花瓣

图 4.24　输入“FLOWER”

10）执行“修改”→“分离”命令两次，将文本打散。

11）使用橡皮擦工具，从最后一个字母开始，逆着笔顺进行擦除。选择图层 2 的所有帧，右击，在弹出的快捷菜单中选择“翻转帧”命令，使动画翻转。同样，使用橡皮擦工具逆着笔顺进行擦除，如图 4.25 所示。

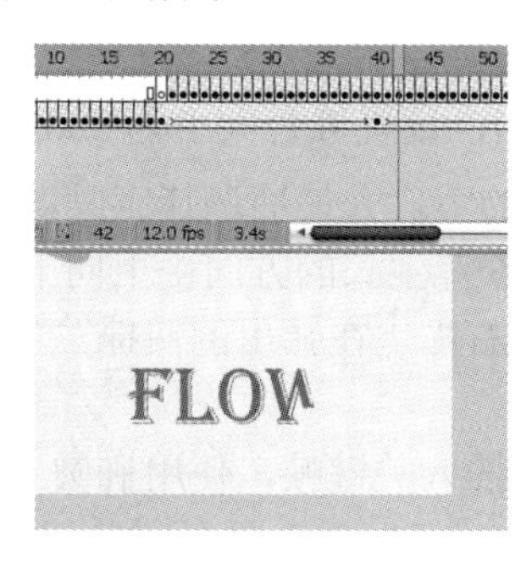

图 4.25　翻转并逆着笔顺擦除

12）选择图层 1 第 20 帧的花朵和花的茎，在菜单栏中选择“修改”→“组合”命令，将两者合为一体。

13）使用变形工具，调整变形中心至茎底部，如图 4.26 所示。

14）通过调整组合图形的旋转角度，制作花朵随风摇曳的动画，如图 4.27 所示。

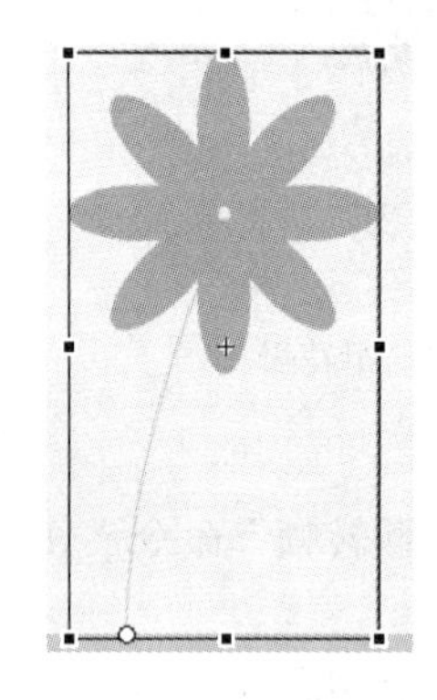

图 4.26　调整变形中心

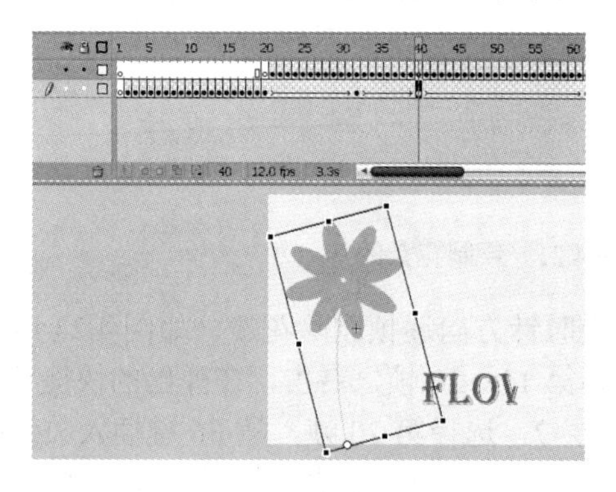

图 4.27　制作花朵随风摇曳的动画

15）按 Ctrl+Enter 组合键测试动画效果，并保存文档。

案例 4.5　风 吹 文 字

设计效果

制作风吹文字动画，效果如图 4.28 所示。

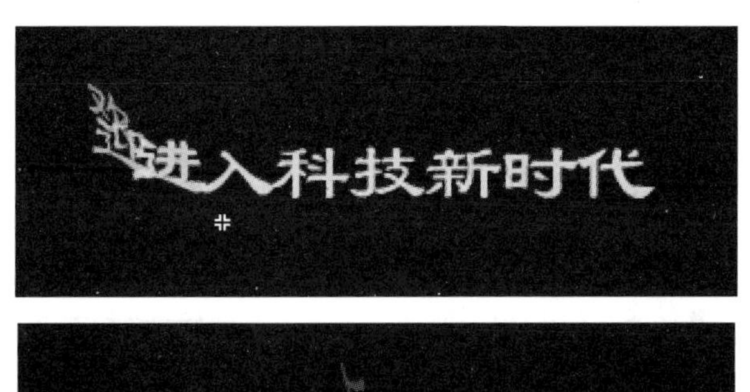

图 4.28　风吹文字效果图

“风吹文字”这个示例并不难，只用到一些基本的运动渐变。但是要把这种效果表现得比较逼真，却需要一定的耐心和技巧。尤其是在做文字的变形时，要多次反复修改、调整，以达到较好的效果。

设计思路

1）将输入文字分离到图层。

2）用变形工具对文字进行翻转、倾斜等变形。

3）使用补间动画并设置运动速度的快慢。

4）改变不同层补间动画的开始帧以形成错位效果。

设计步骤

Step1 新建文件、元件。

1）创建一个新的 Flash 文档，设置背景色为黑色。

2）按 Ctrl+F8 组合键，新建影片剪辑元件，命名为“风吹文字”。

Step2 将文字分散到不同图层。

1）选择文本工具，然后在其“属性”面板中设置文本字体为隶书，颜色为#FF00FF，大小为 36 点。

2）单击编辑区，在文本框中输入文字“欢迎进入科技新时代”，再次单击编辑区结束文字的输入。

3）因为每一个字都要单独做动画，所以必须把每个字单独做成一个图形元件，然后将其分别放在不同的图层上。选中文本，然后按 Ctrl+B 组合键将文本分离成单个字，如图 4.29 所示。

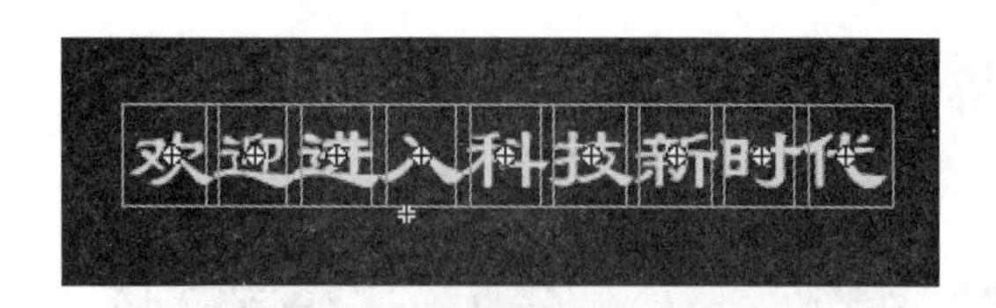

图 4.29 分离成单个字

4）在菜单栏中选择“修改”→“时间轴”→“分散到图层”命令分别将几个字单独放在不同的图层上，并且以文字作为图层的名称。分别选择每个图层的文字，按 F8 键将其转换成图形元件，然后删除图层 1。

提示：文字分散到不同图层后，最前面的文字会在最上面一层，最后面的文字在最下面一层。

Step3 对每个单独的字制作变形并运动的补间动画。

1）在最上面一层的第 20 帧处按 F6 键插入关键帧，右击“欢”字，在弹出的快捷菜单中选择“任意变形”命令，然后选中左边中心的手柄并向右拖动，使它在横向压缩直到文字翻转。

2）在“属性”面板的“颜色”选项中将 Alpha 值设置为 0%，然后把这个字移到这一行文字中间上方的位置。

3）选择第 1 帧，创建传统补间动画，缓动值设置为-100。

这样这个字在第 1 帧到第 20 帧之间会由左下方向右上方加速移动。在移动的过程中，形状不断压缩直到翻转，颜色也逐渐融于背景中，给人一种被风卷走消失的感觉。

Step4 设置不同图层的动画开始帧以形成风吹效果。

1）对其他图层也是一样的操作，因为每个文字开始的时间不一样，所以这里需稍稍做一些调整。

在“迎”字所在图层的第 4、24 帧处分别按 F6 键插入关键帧。在第 24 帧把“迎”字也做压缩翻转及设置 Alpha 值，并拖到和“欢”字一样的位置，回到第 4 帧，创建传统补间动画，这样“迎”字将比“欢”字晚 3 帧起动。

2）利用同样操作设置剩下的图层，每一层都比上一层晚 3 帧起动，而文字的终止位置基本相同。所有图层的动画在第 50 帧处结束，最终完成后的时间轴如图 4.30 所示。

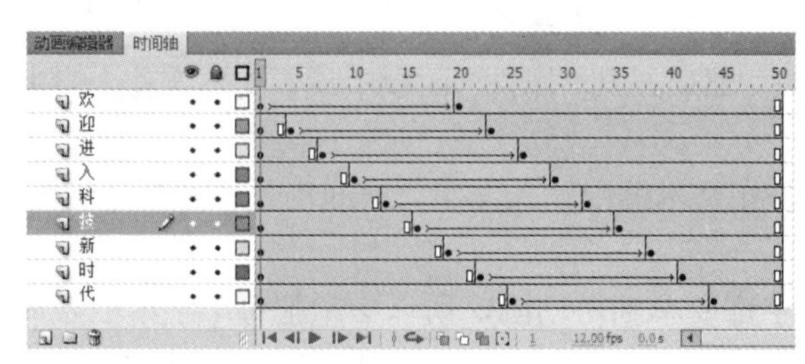

图 4.30 时间轴

在具体操作中，我们还应根据实际出现的效果来对文字的终止位置及缓动值做出调整，以制作出一种被风卷动的效果。

3）按 Ctrl+E 组合键返回场景 1，将“风吹文字”元件拖入舞台。

案例 4.6 远航的帆船

设计效果

制作帆船在海面上航行的动画，效果如图 4.31 所示。

图 4.31 远航的帆船效果图

设计思路

1）利用椭圆工具、矩形工具绘制海面背景。

2）利用多角星形工具、铅笔工具和颜料桶工具绘制帆船。

3）制作帆船远航的效果。

设计步骤

Step1 绘制海面背景，包括海、云、山丘、树木。

1）创建一个新的 Flash 文档。

2）在菜单栏中选择“修改”→“文档”命令，将尺寸修改为 700×320 像素。

3）选择矩形工具，将笔触颜色设置为无，绘制矩形。使用颜料桶工具填充蓝色到白色的渐变。

4）新建图层 2，选择矩形工具，将笔触颜色设置为无，绘制沙滩，并使用颜料桶工具填充土黄色渐变。

5）新建图层 3，选择椭圆工具，将笔触颜色设置为无，绘制椭圆作为海面，并使用颜料桶工具填充浅蓝色渐变。

6）创建图形元件“云”，使用矩形工具绘制红色矩形（由于云层是白色的，因此在红色矩形的背景上绘制会比较清楚）。选择图层2，使用椭圆工具（将笔触颜色设置为无）先后绘制多个大小不同的圆，将其叠加在一起。并使用颜料桶工具填充白色透明渐变，绘制结束后将图层1（红色矩形背景）删除。

7）创建图形元件“山丘”，选择铅笔工具，设置铅笔模式为“平滑模式”绘制山丘，并填充绿色渐变，如图4.32所示。

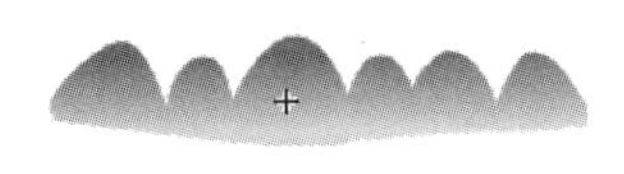

图4.32　山丘

8）返回主场景，新建图层4，将库中元件“云”拖动到舞台中，并摆放至合适位置。调整图层位置，将图层4调整到图层2后面。

9）返回主场景，新建图层5，将库中元件“山丘”拖动到舞台中，并摆放至合适位置。

10）创建图形元件“树木”，先使用椭圆工具绘制椭圆，再使用变形工具改变椭圆方向。选择多角星形工具，在其“属性”面板的“工具设置”选项组中单击“选项”按钮，在弹出的“工具设置”对话框中设置星形的边数为20，如图4.33所示。使用多角星形工具绘制星形。

11）使图形元件“树木”处于编辑状态，使用选择工具将星形的其他区域删除，只留下小三角形。使用选择工具和变形工具移动并改变小三角形的方向，利用在Flash中图形之间可以相互分割的特性，绘制椰树的叶子。绘制完椰树的叶子后将小三角形删除。

12）使图形元件“树木”处于编辑状态，为椰树的叶子填充绿色渐变。

13）使图形元件“树木”处于编辑状态，将椰树的叶子复制并分别粘贴在图层2～图层5中，使用变形工具和选择工具对叶子进行重新排列。

14）使图形元件“树木”处于编辑状态，新建图层6，使用矩形工具和选择工具绘制树干，如图4.34所示。调整图层位置，将图层6调整到图层1后面。

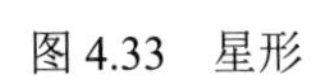

图4.33　星形

图4.34　树干

15）返回主场景，在图层6中，将库中元件“树木”拖动到舞台中，并置于适当的位置。新建图层7，将库中元件“树木”拖动到舞台中，并置于适当的位置。将图层7调整到图层5后面。

Step2 使用圆角矩形工具和椭圆工具绘制帆船。

1）创建图形元件“帆船”，使用矩形工具，将笔触颜色设置为无，填充颜色设置为淡黄色，绘制帆船底盘。使用选择工具将其边线弯曲，并将多余部分删除。

2）使用多角星形工具绘制三角形，使用选择工具将其边线弯曲，如图 4.35 所示。

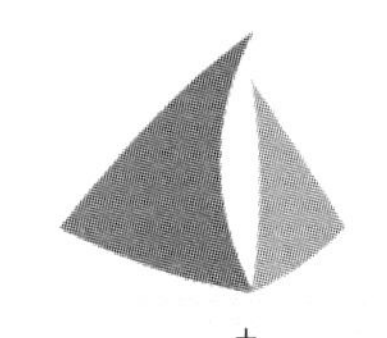

图 4.35　帆船

3）返回主场景，新建图层 8 和图层 9。将库中元件“帆船”分别拖动到新图层中，在图层 8 中放置在最接近岸边的那个帆船的位置上，在图层 9 中放置在其他小帆船的位置上。

Step3 制作远航的帆船的动画效果。

1）在图层 1～图层 7 和图层 9 的第 300 帧处按 F5 键插入帧。

2）在图层 8 的第 60 帧处按 F6 键插入关键帧，选中其中的帆船对象并移动其位置。

3）在图层 8 的第 200 帧处按 F6 键插入关键帧，选中其中的帆船对象并移动其位置，并使用变形工具改变其大小。

4）在图层 8 的第 300 帧处按 F6 键插入关键帧，选中其中的帆船对象并移动其位置，并将此对象的 Alpha 值设置为 0%。

5）在图层 8 的第 1、60、200 帧处创建传统补间动画。

6）按 Ctrl+Enter 组合键测试动画效果，并以文件名“远航的帆船.fla”保存。

案例 4.7　青蛙闹钟

设计效果

制作青蛙闹钟的动画，效果如图 4.36 所示。

图 4.36　青蛙闹钟的效果图

设计思路

1）使用椭圆工具绘制青蛙。

2）使用直线工具绘制刻度盘。

3）使用矩形工具绘制指针，并制作旋转动画。

设计步骤

1）新建一个 Flash 文档，按 Ctrl+F8 组合键新建一个元件，命名为“clock”。选择椭圆工具，设置笔触颜色为黑色，填充颜色为绿色，按住 Shift 键绘制一个正圆，如图 4.37 所示。

2）再次使用椭圆工具，设置笔触颜色为黑色，填充颜色为白色，按住 Shift 键绘制一个正圆。用选择工具选中两个圆，在菜单栏中选择“修改”→“对齐”→“垂直居中”“水平居中”命令，效果如图 4.38 所示。

图 4.37　绘制正圆

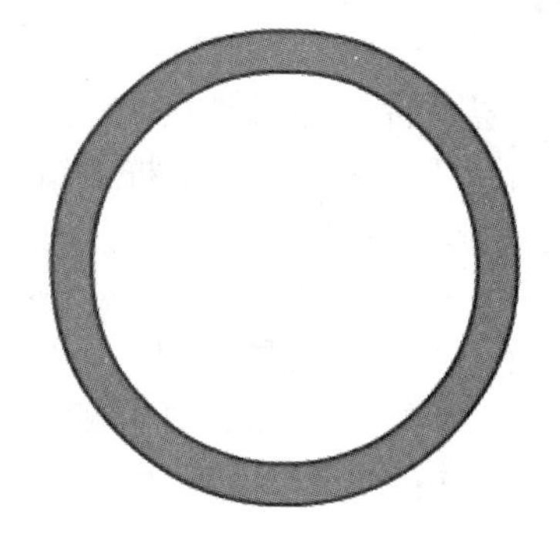

图 4.38　两圆居中对齐

3）绘制青蛙的手。新建一个图层，命名为“hand”，放在图层面板的最下层。绘制绿色的椭圆作为青蛙的手，用变形工具调到如图 4.39 所示的大小。

4）将这个小椭圆放在图 4.39 所示的位置。

5）再复制一个小椭圆，放在对称的另外一边，作为青蛙的另一只手，如图 4.40 所示。至此，青蛙的手绘制完毕。

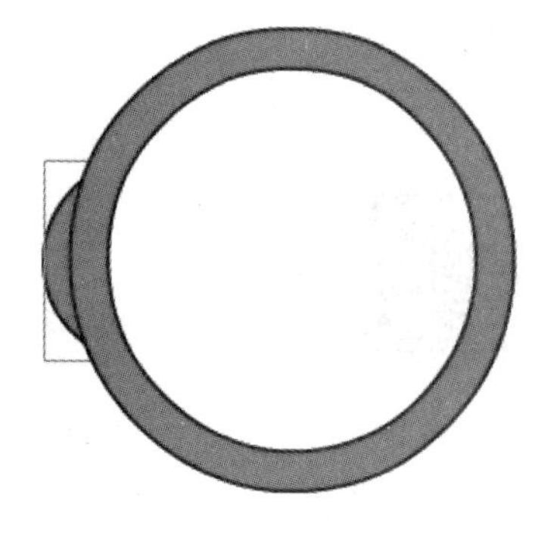

图 4.39　绘制青蛙的一只手

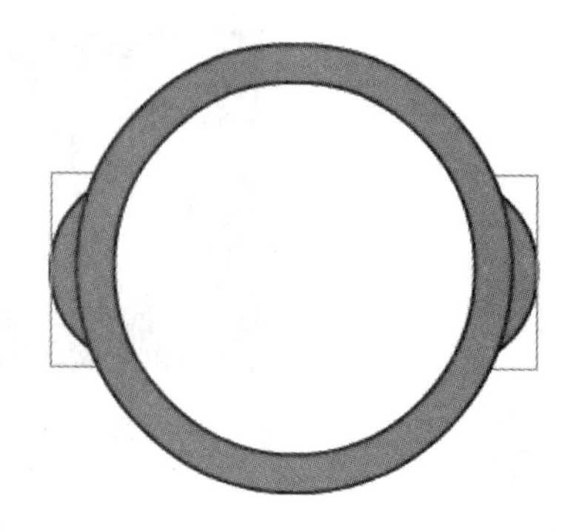

图 4.40　绘制青蛙的另一只手

6）绘制青蛙的脚。新建一个图层，命名为“foot”，放在图层面板的最下层。青蛙的脚是由1个大椭圆和5个小椭圆组成的，可先使用椭圆工具绘制1个椭圆，再复制出5个椭圆，按图4.41调整其位置和大小，青蛙的一只脚便绘制完成。

7）选中整个脚，按Ctrl+D组合键进行复制，在菜单栏中选择“修改”→“变形”→“水平翻转”命令对其进行翻转，然后将其放在另外一边，调整两只脚至合适位置。至此，青蛙的两只脚便绘制完成，效果如图4.42所示。

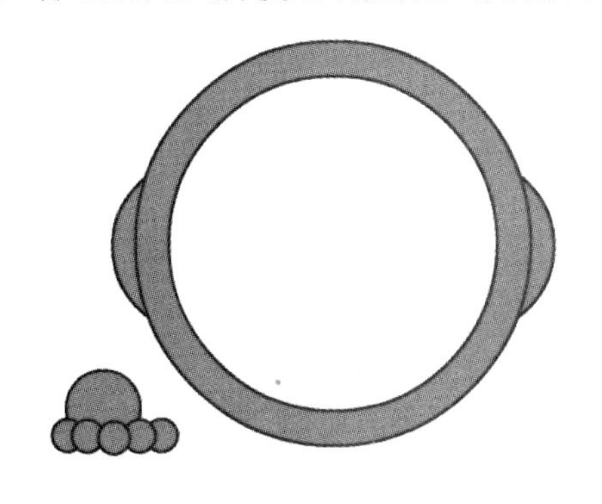

图4.41　绘制青蛙的一只脚

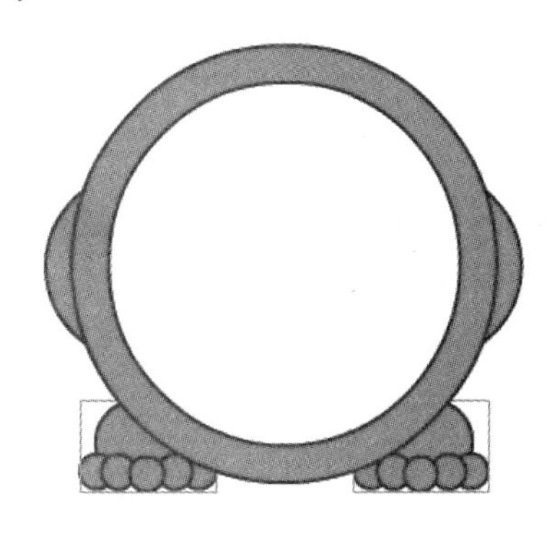

图4.42　调整青蛙的两只脚的位置

9）绘制时间刻度。新建一个图层，命名为“time”，放在图层面板的最上层。用直线工具绘制一条任意长度的直线，如图4.43所示。

10）选中这条直线，按Ctrl+T组合键调出“变形”面板，将旋转角度设置为15°。单击“变形”面板右下角的“重置选区和变形”按钮，就能复制出另外一条直线，如图4.44所示。

图4.43　绘制一条直线

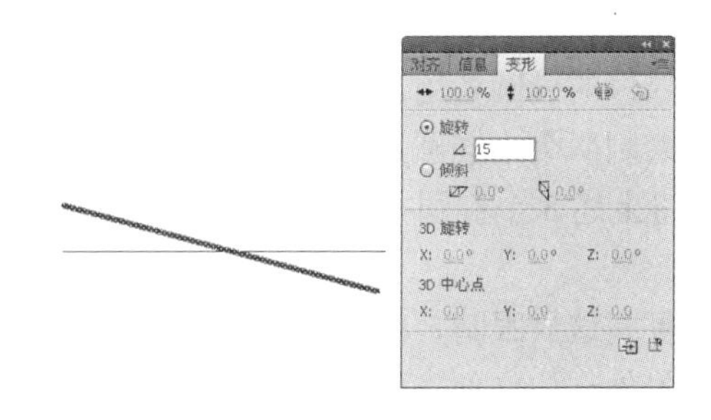

图4.44　复制直线

11）继续单击此按钮直到复制出一整圈直线，如图4.45所示。

12）选中所有直线，按Ctrl+G组合键对其进行组合。选择椭圆工具，按住Shift键绘制如图4.46所示的正圆。选中直线和椭圆，在菜单栏中选择“修改”→“对齐”→“垂直居中”“水平居中”命令。最终效果如图4.46所示。

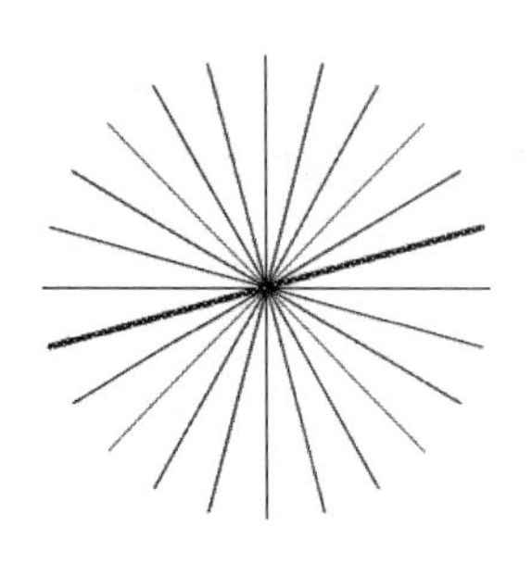

图 4.45　复制一整圈直线

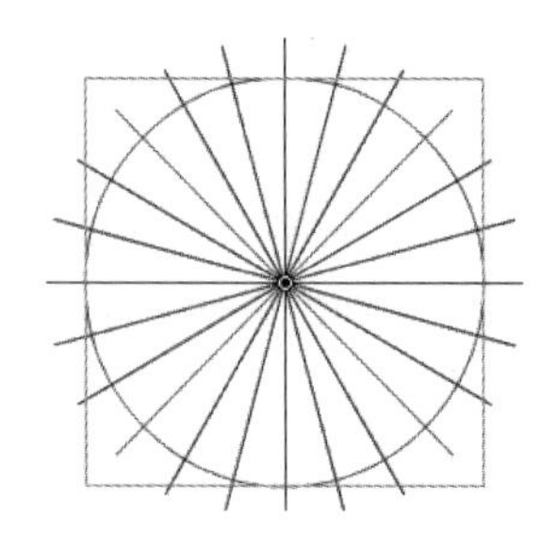

图 4.46　组合直线并绘制正圆

13）按 Ctrl+B 组合键将它们全部打散后删掉多余的线条，只留下椭圆外面的这一圈直线，便形成了一个刻度盘。按 Ctrl+G 组合键对它们进行组合，如图 4.47 所示。

14）用变形工具将刻度盘调整到合适的大小，放在时钟的合适位置上即可，如图 4.48 所示。

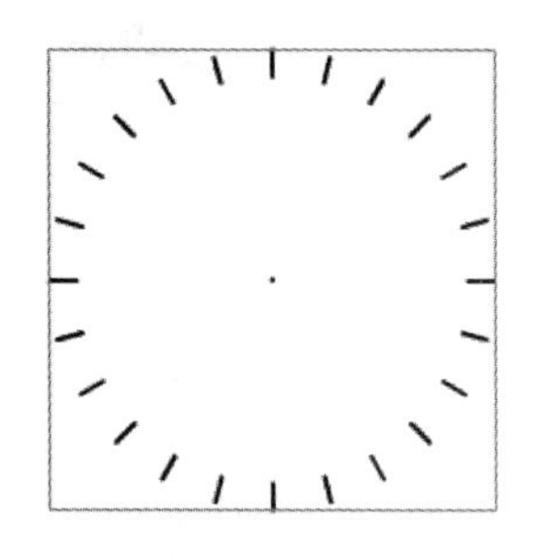

图 4.47　制作刻度盘

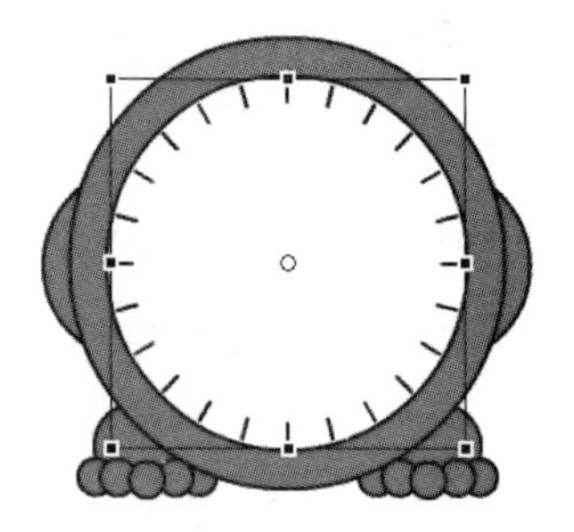

图 4.48　将刻度盘放在时钟的合适位置上

15）绘制青蛙的眼睛。新建一个图层，命名为“eye”，放在图层面板的最下层。再复制一个绿色的椭圆备用。

16）绘制两个小椭圆，一个填充白色，另一个填充黑色，轮廓均为黑色。

17）将上述 3 个椭圆叠放在一起，放在如图 4.49 所示的位置上。至此，完成一只眼睛的绘制。

18）复制这只眼睛，在菜单栏中选择“修改”→“变形”→“水平翻转”命令后放在对称的另外一边，便完成一对眼睛的绘制，如图 4.50 所示。

图 4.49　绘制一只眼睛

图 4.50　绘制另一只眼睛

19）选中两只眼睛，按 F8 键将其转换为元件，命名为“eye”。双击眼睛进入该元件的编辑界面，在第 1 帧上将两个黑眼珠调整到左边。

20）在第 3 帧处按 F6 键插入关键帧，并将两个黑眼珠调整到右边。

21）在第 4 帧处按 F5 键插入帧，完成眼睛轮动动画。

22）绘制指针。按 Ctrl+F8 组合键新建一个影片剪辑元件，命名为“arrow 1”，用矩形工具绘制一个矩形（笔触颜色为黑色，填充颜色为绿色）。

23）按 Ctrl+D 组合键对矩形进行复制，用变形工具调整其大小，并调整两个矩形的位置，如图 4.51 所示。

24）使用选择工具将小矩形上面的两个端点分别向内拖动，将其调整成三角形，如图 4.52 所示。

25）删除多余的线条后按 Ctrl+G 组合键对其进行组合，如图 4.53 所示。

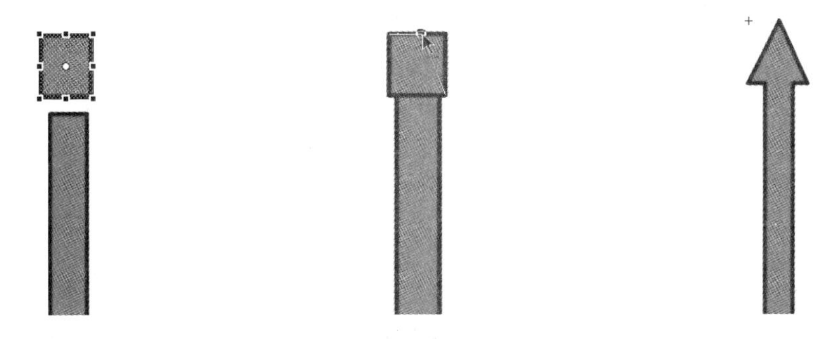

图 4.51　调整两个矩形的位置　　图 4.52　将矩形拖动成三角形　　图 4.53　删除多余的线条并组合

26）在第 30 帧处按 F6 键插入关键帧，并创建传统补间动画。选择变形工具，将中心点拖到靠近下部的位置。

27）选中第 1 帧，在“属性”面板中设置“旋转”选项为顺时针旋转 1 次即可，如图 4.54 所示，这样指针每 30 帧会旋转一周。

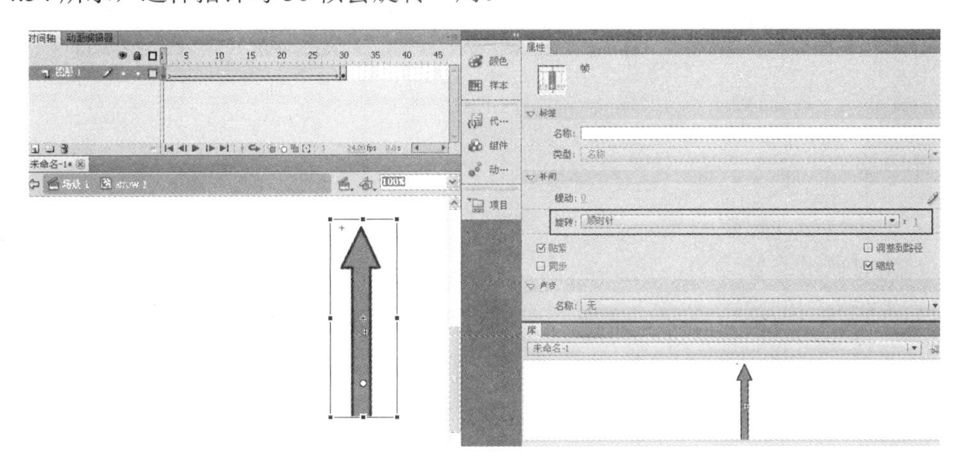

图 4.54　设置“旋转”选项

图 4.55　调整指针

28）回到场景 1，新建一个图层，命名为“arrow 1”，在“库”面板中将做好的“arrow 1”元件拖到时钟的中心位置。再新建一个图层，命名为“arrow 2”，将元件“arrow 1”再次拖到时钟的中心位置，并用变形工具将指针调整得细长一些，如图 4.55 所示。

29）选中“arrow 2”图层上的指针，按 F8 键将其转换为元件，命名为“arrow 2”。双击它进入元件编辑界面，将最后一帧处的关键帧拖放到第 12 帧处，并删除后面多余的帧，其他不变。这个指针每 12 帧会旋转一周。

30）回到场景 1，将两个指针重叠摆好即可。

31）按 Ctrl+Enter 组合键测试动画效果，并保存文档。

案例 4.8　蜻蜓飞　星星眨

设计效果

制作蜻蜓飞、星星眨的动画，效果如图 4.56 所示。

图 4.56　蜻蜓飞、星星眨的效果图

设计思路

1）制作星空及蜻蜓元素。
2）让对象沿路径运动。
3）传统补间的应用。
4）形状补间的应用。

设计步骤

1）新建 Flash 文档，设置背景色为黑色。

2）新建“星星”元件，在图层 1 中先绘制一个宽为 2、高为 20 且填充色为白色的矩形，用变形工具把它调整成三角形，再把三角形的中心点移到其底部，在“变形”面板中设置旋转角度为 90°，单击“重置选区和变形”按钮，效果如图 4.57 所示。

3）复制图层 1 的内容，粘贴到图层 2，在图层 2 中将其旋转 45°，并进行适当缩小，如图 4.58 所示。

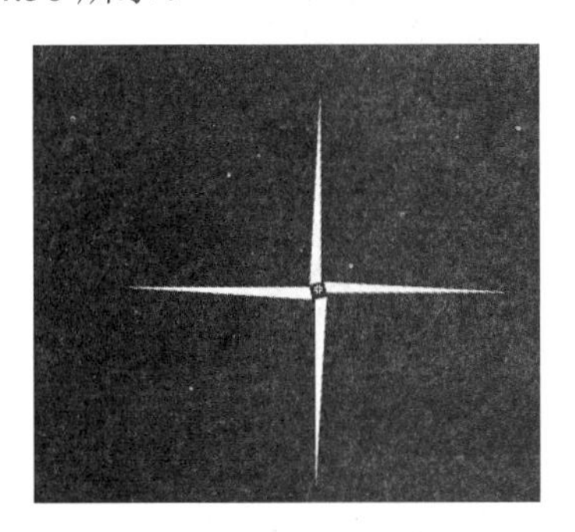

图 4.57 “星星”元件（一）

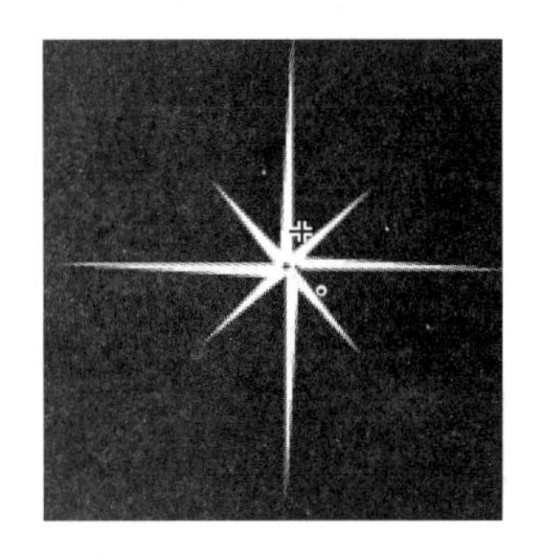

图 4.58 “星星”元件（二）

4）新建“星星”影片剪辑元件，把刚才的“星星”元件拖入图层 1 中的第 1 帧，缩小图形并更改透明度为 0%。在第 4 帧处按 F6 键插入关键帧，修改宽度、高度分别为 20、20，透明度为 100%。在第 7 帧处按 F6 键插入关键帧，并调整图形使其顺时针旋转 45°。在第 11 帧处按 F6 键插入关键帧，并调整图形使其逆时针旋转 135°。在第 13 帧处按 F6 键插入关键帧，缩小图形并更改透明度为 0%。选中图层 1 中的所有帧，右击，在弹出的快捷菜单中选择“创建传统补间”命令。

5）新建“蜻蜓翅膀”元件，使用椭圆工具绘制一个椭圆，并填充粉色到白色的渐变颜色，复制这个椭圆，适当调整其大小和位置，效果如图 4.59 所示。

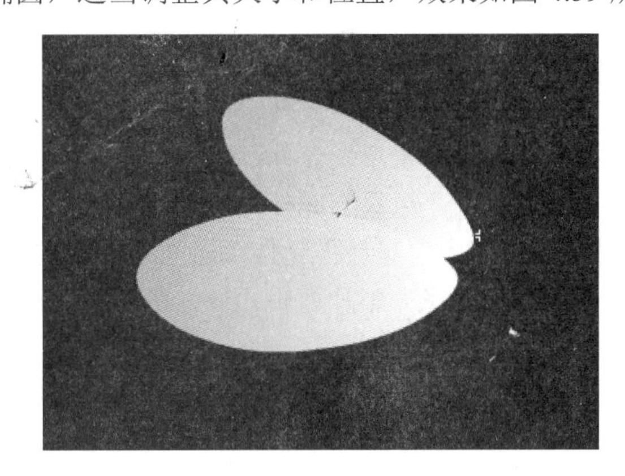

图 4.59 “蜻蜓翅膀”元件

6）新建“蜻蜓身体”元件，利用椭圆工具和颜料桶工具，绘制蜻蜓的身体，效果如图 4.60 所示。

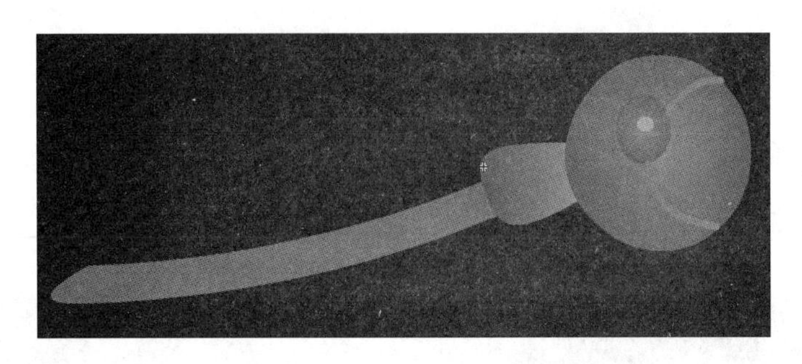

图 4.60 “蜻蜓身体”元件

7）新建“蜻蜓飞”影片剪辑元件，把“蜻蜓翅膀”元件拖入图层 1 和图层 3，把“蜻蜓身体”元件拖入图层 2。调整各元件的位置和形状，效果如图 4.61 所示。

注意：各元件的中心点分别在 3 个图层。

8）制作蜻蜓翅膀和蜻蜓身体的摆动动画，产生飞的效果。

图 4.61 “蜻蜓飞”影片剪辑元件

具体场景设置：

图层 1：在第 1 帧拖入若干个“星星”元件，适当摆放它们的位置。

图层 2：在第 4 帧拖入若干个“星星”元件，适当摆放它们的位置。

图层 3：在第 7 帧拖入若干个“星星”元件，适当摆放它们的位置。

图层 4：在第 10 帧拖入若干个“星星”元件，适当摆放它们的位置。

图层 5：在第 1 帧拖入“蜻蜓飞”影片剪辑元件，制作一个由左边慢慢向中间飞的补间动画。

图层 6：在第 1 帧拖入“蜻蜓飞”影片剪辑元件，制作一个由右边慢慢向中间飞的补间动画。

9）按 Ctrl+Enter 组合键测试动画效果，并保存文档。

单元 5　引导层动画

知识解读

Flash 引导层具有两个特点：①可以引导被引导的元素，沿引导线进行运动；②引导层上的元素在导出时不可见，只有在制作时可见。根据这两个特点，引导层除了可以用于引导动画运动外，还可以在制作动画时起到提示作用，这样既不影响动画的输出，又有助于动画的制作。

案例 5.1　饮 水 思 源

设计效果

制作一个人在河边喝水，然后想起水源头的动画，即用动画的形式深刻表现成语“饮水思源”的含义，效果如图 5.1 所示。

图 5.1　饮水思源的效果图

设计思路

1）人物动画的制作。
2）让对象沿路径运动。
3）传统补间的应用。

4）形状补间的应用。

设计步骤

1）新建 Flash 文档，设置背景色为深蓝色（颜色值为#000063）。

2）按 Ctrl+F8 组合键，创建图形元件，命名为“bg”。使用绘画工具绘制动画的背景，效果如图 5.2 所示。

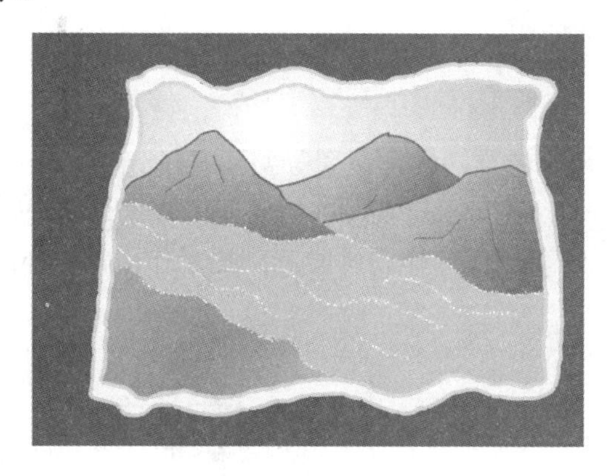

图 5.2 “bg”元件

3）按 Ctrl+F8 组合键，创建影片剪辑元件，命名为“drink”，使用绘图工具绘制一个人捧起水的画面，效果如图 5.3 所示。

在第 9 帧处按 F6 键插入关键帧，然后修改捧水画面为喝水画面，如图 5.4 所示。在第 16 帧处按 F5 键将帧延长。

图 5.3 绘制一个人捧起水的画面

图 5.4 制作喝水画面

4）按 Ctrl+F8 组合键创建图形元件，命名为“source”，绘制如图 5.5 所示的表示水源头的画面。

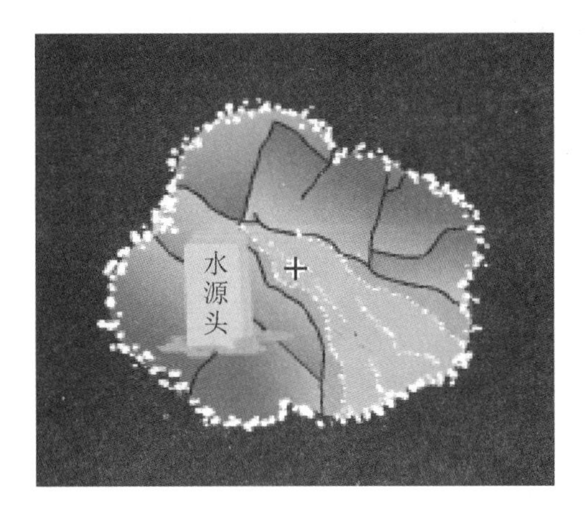

图 5.5　绘制水源头的画面

5）按 Ctrl+F8 组合键创建新影片剪辑元件，命名为“showsource”，用于制作水源头画面显示的动画。在第 40 帧处按 F5 键插入帧，然后分别在第 1、3、5、7、9、12、20 帧处按 F7 键插入空白关键帧。在第 1、3、5、7 帧由小到大绘制一些白色的看起来像是气泡的形状。

在第 9 帧处绘制如图 5.6 所示的形状，在第 12 帧处绘制如图 5.7 所示的形状。

6）右击第 9 帧，在弹出的快捷菜单中选择“创建补间形状”命令。

7）在第 20 帧拖入图形元件“source”，按 Ctrl+B 组合键将其分离。右击第 12 帧，在弹出的快捷菜单中选择“创建补间形状”命令。

8）按 Ctrl+F8 组合键创建图形元件，命名为“star”。绘制如图 5.8 所示的星星，调整其位置居中。

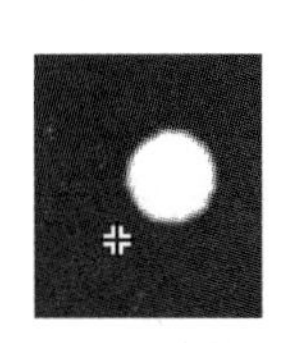

图 5.6　第 9 帧

图 5.7　第 12 帧

图 5.8　绘制星星

9）按 Ctrl+E 组合键回到场景 1，将图层 1 重命名为“bg”。然后在舞台上拖入元件“bg”。在第 40 帧处按 F5 键将帧延长到第 40 帧。

10）新建图层，命名为“water source”，拖入影片剪辑元件“drink”，放在背景图片的左下角。然后拖入影片剪辑元件“showsource”，放到人物脸部前面的位置，如图 5.9 所示。

图 5.9　加入背景和人物

11）新建图层，命名为“starmov”，拖入图形元件“star”。右击该图层，在弹出的快捷菜单中选择“添加传统运动引导层”命令，即可添加传统运动引导层。用铅笔工具沿背景的黄色边框绘制一条路径（注意：路径不要封闭，在左上角处要有一个缺口）。然后将“starmov”图层中第 1 帧的星星移到路径的起始点，如图 5.10 所示。

图 5.10　第 1 帧

在第 40 帧处按 F6 键插入关键帧，将星星移到路径的终点。在第 1 帧处创建传统补间动画，在“属性”面板中设置“旋转”选项为顺时针旋转 1 次。完成后的时间轴如图 5.11 所示。

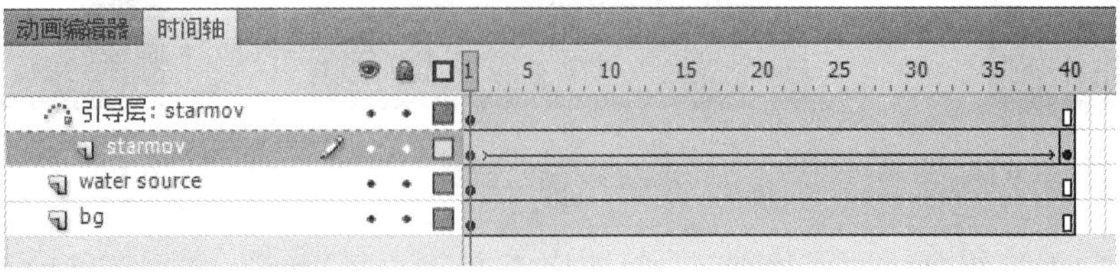

图 5.11　完成后的时间轴

12）至此，这个动画制作完成，按 Ctrl+Enter 组合键测试动画效果，并保存文档。

案例5.2 瓢虫赛跑

设计效果

制作瓢虫赛跑的动画，即两只瓢虫在崎岖的环形跑道中一前一后、时快时慢地追逐着，并且瓢虫的头部始终向着前方，效果如图5.12所示。

图5.12 瓢虫赛跑的效果图

设计思路

1）复制元件。
2）使用套索工具制作路径。
3）使用对象对齐功能让元件自动贴近路径。
4）实现不同对象运动速度的快慢调节。
5）在闭合路径中进行环绕运动。
6）对运动的元件进行定向。
7）自定义线型。

设计步骤

1）创建一个新的Flash文档。

2）按Ctrl+F8组合键创建一个图形元件，命名为“Bug1”。在编辑区中用绘图工具绘制一只黄色的瓢虫，如图5.13所示。

3）在“库”面板中右击“Bug1”，在弹出的快捷菜单中选择“直接复制”命令，弹出“直接复制元件”对话框。在该对话框中设置元件名称为“Bug2”，单击“确定”按钮。

4）在编辑区中更改“Bug2”元件的颜色为红色，如图5.14所示。

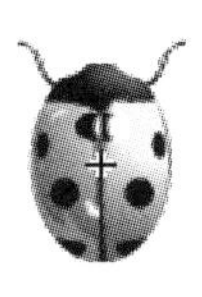

图5.13 创建第一只瓢虫

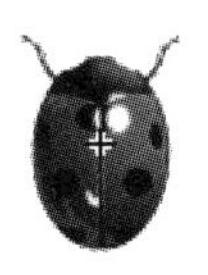

图5.14 创建第二只瓢虫

5）按 Ctrl+F8 组合键创建一个影片剪辑元件，命名为“race”。

6）将图层 1 重命名为“Bug1”。从“库”面板中将“Bug1”元件拖入编辑区中。

7）单击第 80 帧，按 F6 键插入一个关键帧。

8）新建图层 2，重命名为“Bug2”。从“库”面板中将“Bug2”元件拖入编辑区中。

9）右击 Bug2 图层，在弹出的快捷菜单中选择“添加传统运动引导层”命令，即可为 Bug2 图层添加传统引导层，将其重命名为“path”。

10）选择椭圆工具，设置其填充颜色为无，笔触颜色为任意色（由于是建立运动路径，颜色无所谓），笔触大小为 3，笔触样式为实线。

11）在编辑区中绘制一个椭圆环，在其上右击，在弹出的快捷菜单中选择“封套”命令。拖动封套上的节点并调整节点手柄，将椭圆环改为一条弯弯曲曲的回路，如图 5.15 所示。在后面制作的动画中，元件将沿着它运动。

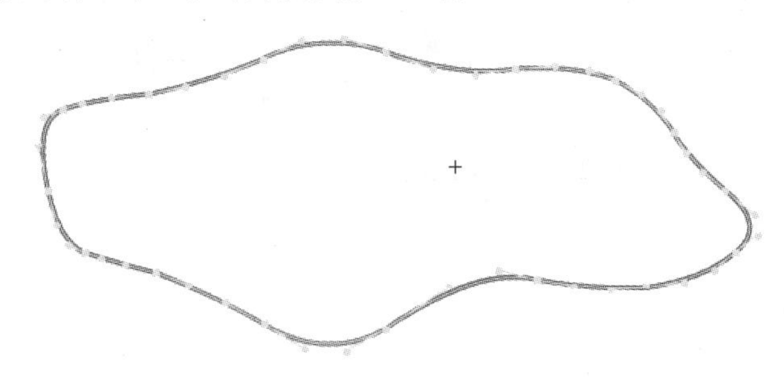

图 5.15　改变路径形状

12）分别在 Bug1 图层和 Bug2 图层的第 40 帧处按 F6 键插入一个关键帧。

13）单击 Bug1 图层，然后右击时间轴中被选取的帧，在弹出的快捷菜单中选择“创建传统补间”命令，为 Bug1 图层添加运动补间动画。

此时，可以看到原来没有靠近路径的“Bug1”元件在添加运动补间动画后自动向路径贴齐，如图 5.16 所示。

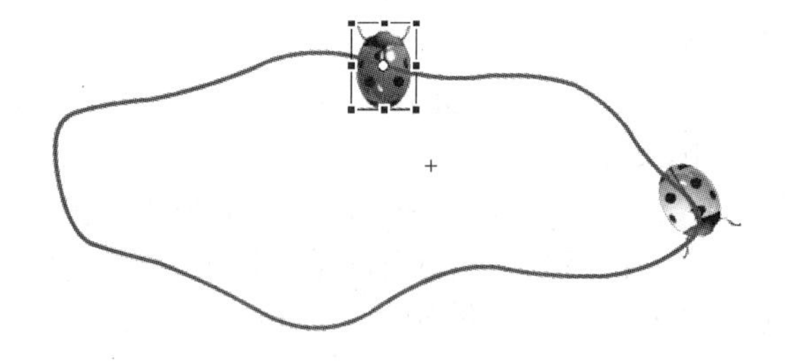

图 5.16　物体自动贴近路径

14）单击 Bug1 图层的第 1 帧，用选择工具将“Bug1”元件移动到路径的左端，以此作为起点，如图 5.17 所示。

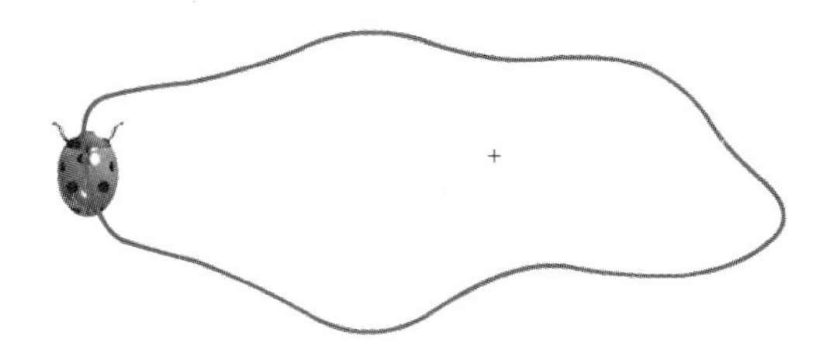

图 5.17　第 1 帧

15）用变形工具对“Bug1”元件的头部进行旋转，使其指向路径的前进方向。

16）单击 Bug1 图层的第 40 帧，用选择工具将“Bug1”元件移动到路径右端的中间部位，并用变形工具对“Bug1”元件的头部进行旋转，使其指向路径的前进方向，如图 5.18 所示。

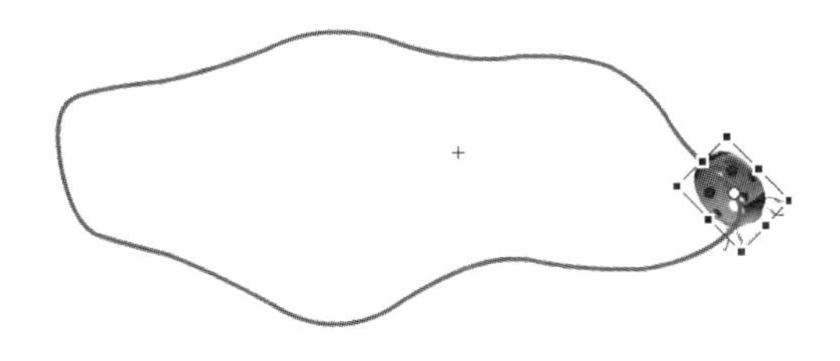

图 5.18　第 40 帧

17）单击 Bug1 图层的第 80 帧，用选择工具将“Bug1”元件移动到路径左端的中间部位，并用变形工具对“Bug1”元件的头部进行旋转，使其指向路径的前进方向，也就是返回起点，如图 5.19 所示。

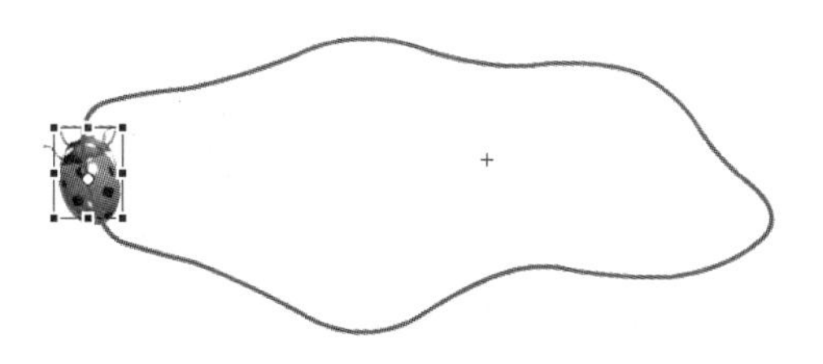

图 5.19　第 80 帧

18）选中第 1～39 帧中的任一帧，在“属性”面板中勾选“调整到路径”复选框，设置“缓动”为-100（图 5.20），使 Bug1 在第 1 帧到第 39 帧间的运动由慢至快，并使“Bug1”元件根据路径做定向运动。

19）选中第 40～80 帧中的任一帧，在“属性”面板中设置“缓动”为 100，勾选“调整到路径”复选框，使 Bug1 在第 40 帧至第 80 帧间的运动由快至慢。

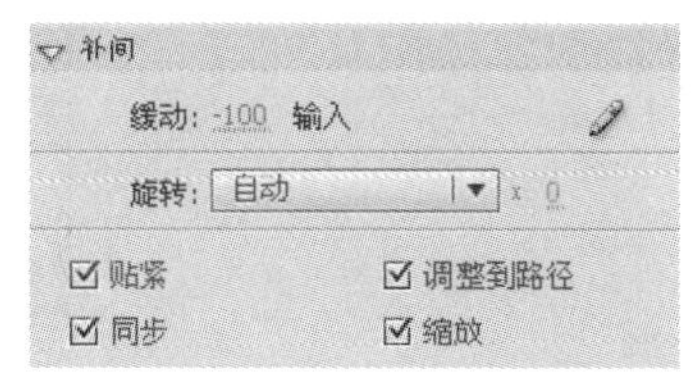

图 5.20　设置传统补间动画

20）以同样的方式为Bug2图层添加补间动画，并设置“Bug2”元件的位置，使它在第1、40、80帧与“Bug1”元件在路径上重合，勾选“调整到路径”复选框。

21）“race”元件的时间轴如图5.21所示。“race”元件制作好后，按Ctrl+E组合键返回场景。

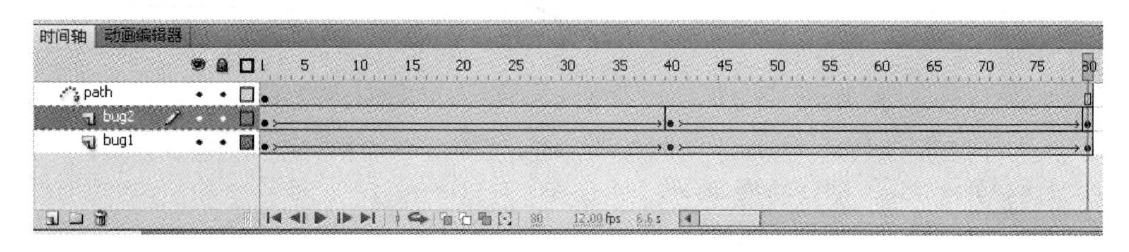

图5.21　“race”元件的时间轴

22）双击“库”面板中的“race”元件，进入其编辑区。右击path图层的第1帧，在弹出的快捷菜单中选择“复制帧”命令。返回场景1，右击图层1的第1帧，在弹出的快捷菜单中选择“粘贴帧”命令，将路径复制到场景中作为跑道，如图5.22所示。

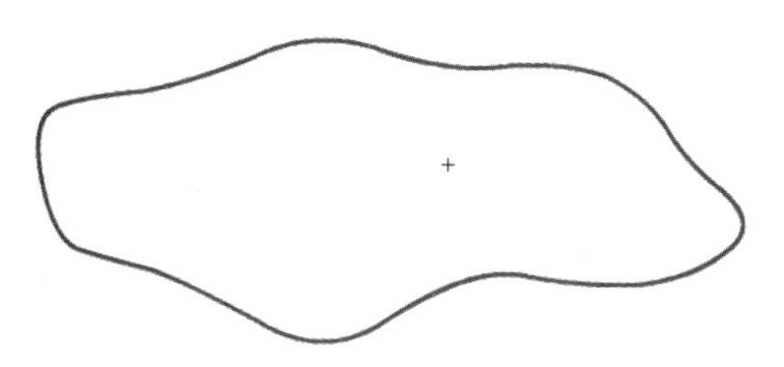

图5.22　复制路径作为跑道

23）使用选择工具，双击图层1中的路径，在“属性”面板中设置笔触颜色为蓝色（颜色值为#0068FF），笔触大小为10。然后单击“编辑笔触样式”按钮，在弹出的“笔触样式”对话框中进行如图5.23所示的设置，单击“确定”按钮。

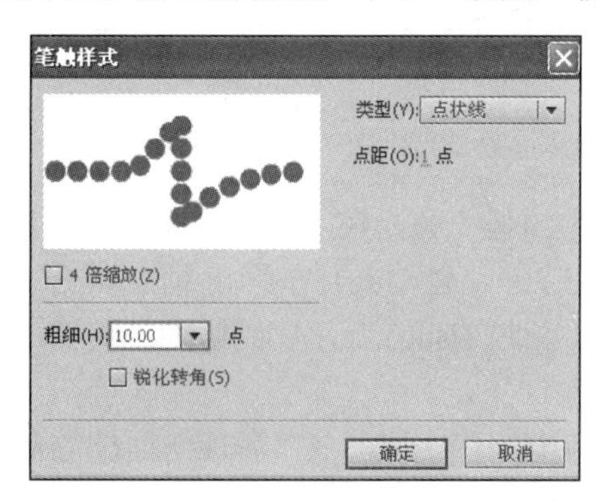

图5.23　自定义线型

24）新建图层 2，从“库”面板中将“race”元件拖入舞台中，将其放在跑道左端的正上方，如图 5.24 所示，使动画在播放时，瓢虫看上去像是在跑道上前进。

图 5.24 将“race”元件放到跑道上

25）按 Ctrl+Enter 组合键测试动画效果，会看到屏幕上两只瓢虫在绿色的跑道上交替着时快时慢地追逐着。

案例 5.3 水上游鸭

设计效果

制作“水上游鸭”动画，即一只鸭子在水中从右游到左，又从左游到右，如图 5.25 所示。

图 5.25 水上游鸭效果图

设计思路

1）绘制波浪轮廓线。

2）填充轮廓线形成波浪。

3）让对象沿路径运动。

设计步骤

1）创建一个新的 Flash 文档，在“属性”面板中设置背景色为黄色（颜色值为 #FFFF9C）。

2）按 Ctrl+F8 组合键创建图形元件“outline”，然后选择钢笔工具，设置笔触颜色为黑色，绘制一些波浪线，如图 5.26 所示。

注意：这些线条要形成封闭的区域，因为后面要对其填充颜色，形成波浪。

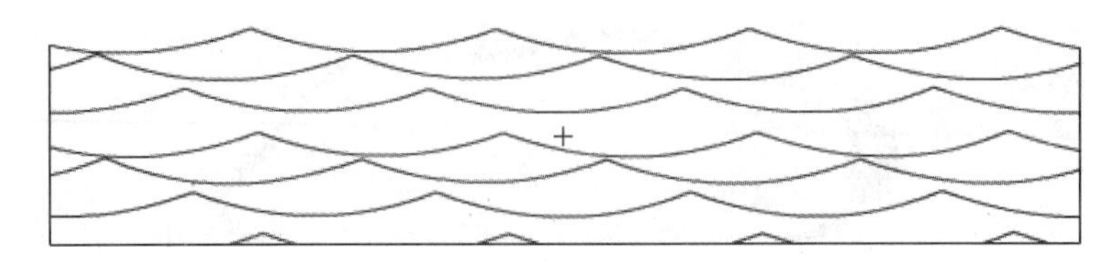

图 5.26 绘制波浪线

3）按 Ctrl+F8 组合键创建影片剪辑元件“wave”，然后用铅笔工具绘制一条封闭的波浪线，用蓝色（颜色值为#00CFFF）填充，再将线条删去，形成起伏的波浪，按 Ctrl+G 组合键对其进行组合，如图 5.27 所示。

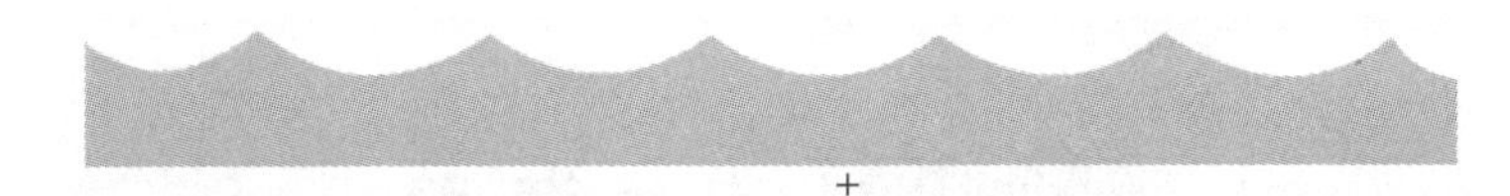

图 5.27 绘制蓝色波浪

4）将这个波浪复制后粘贴，然后按 Ctrl+Shift+G 组合键取消组合，将颜色填充为浅蓝色（颜色值为#CEFFFF），再按 Ctrl+G 组合键进行组合，放在蓝色波浪右边靠下一点儿的位置，如图 5.28 所示。

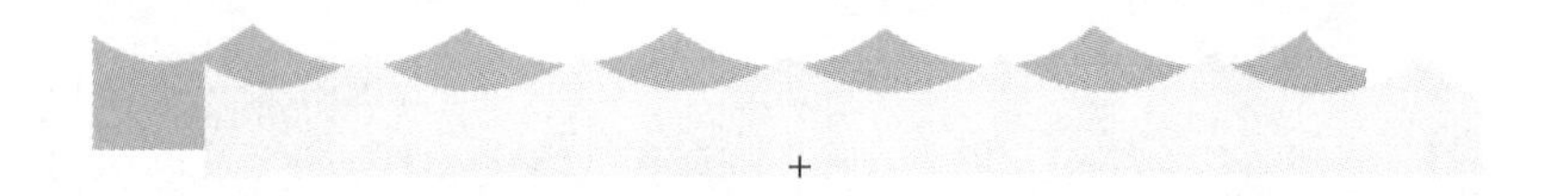

图 5.28 复制波浪并改变颜色

在第 4 帧处按 F6 键插入关键帧，将蓝色波浪往左移动一点儿，浅蓝色波浪往右移动一点儿，如图 5.29 所示。在第 6 帧处按 F5 键插入帧。

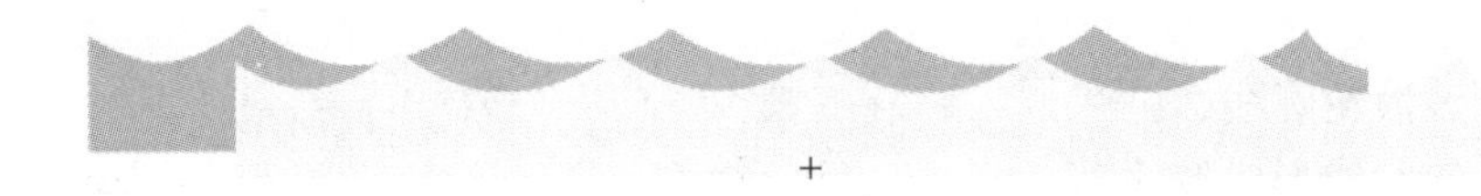

图 5.29 第 4 帧

5）按 Ctrl+8 组合键创建影片剪辑元件“duck”，然后绘制一只没有翅膀的鸭子，如图 5.30 所示，在第 4 帧处按 F5 键。

6）新建图层，绘制鸭子的翅膀，并对其进行组合，如图 5.31 所示。

在第 3 帧处按 F6 键插入关键帧，用变形工具使鸭子的翅膀逆时针旋转，如图 5.32 所示。

图 5.30　绘制鸭子

图 5.31　鸭子的翅膀第 1 帧

图 5.32　第 3 帧

7）按 Ctrl+E 组合键回到场景 1，将图层 1 重命名为“wave1”，然后将波浪的轮廓“outline”元件拖入舞台，使其位于舞台的下方，按 Ctrl+Shift+G 组合键取消组合。选择颜色桶工具，并设置不同的蓝色，对波浪线中的区域进行填充，然后将波浪线选中后删除，只剩下不同颜色的波浪，如图 5.33 所示。在第 95 帧处按 F5 键。

图 5.33　制作波浪

8）建立新图层 duck，将影片剪辑元件“duck”拖入舞台，放在舞台的右边。

9）为 duck 图层建立一个传统引导层，并用钢笔工具绘制一条波浪线作为鸭子运动的路径。将第 1 帧的鸭子移动到路径的右边，如图 5.34 所示。

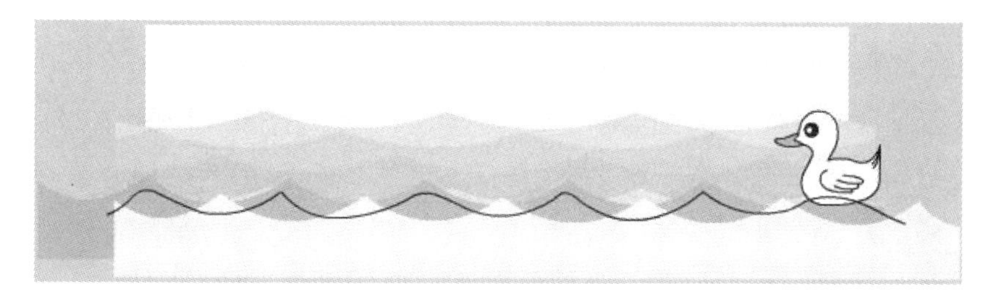

图 5.34　绘制运动路径

在 duck 图层的第 35、36 帧处按 F6 键插入关键帧，将第 35 帧的鸭子移动到舞台的左边，使其贴在路径上，如图 5.35 所示。将第 36 帧的鸭子进行水平旋转，在第 1 帧创建传统补间动画。

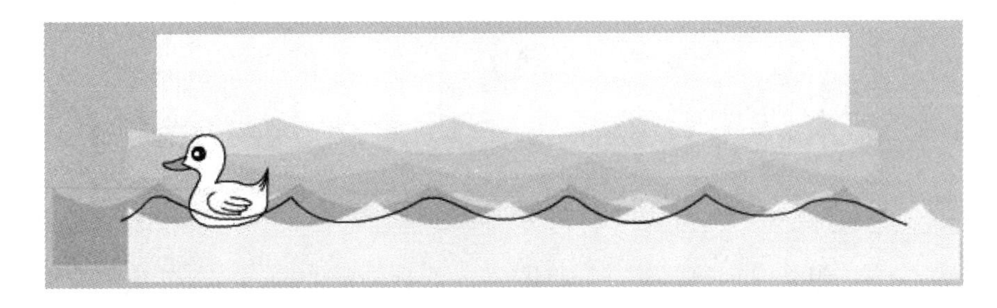

图 5.35　第 35 帧

在第 45 帧处按 F6 键插入关键帧（图 5.36）。在第 80、81 帧处按 F7 键插入空白关键帧，将第 1 帧的鸭子复制（按 Ctrl+C 组合键）后，分别在第 80、81 帧原位粘贴（按 Ctrl+Shift+V 组合键），将第 80 帧的鸭子进行水平旋转（图 5.37）。在第 45 帧创建传统补间动画。

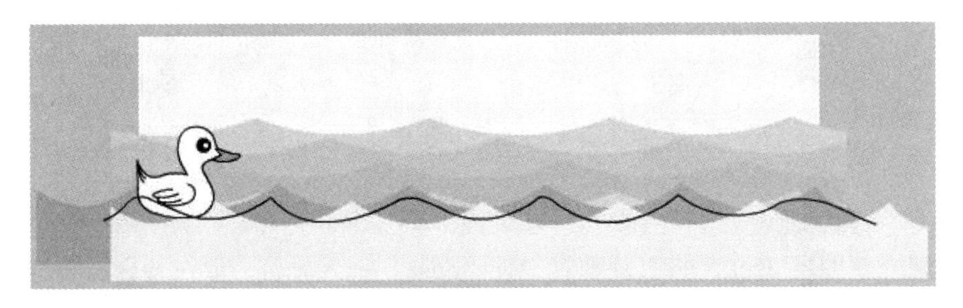

图 5.36　第 45 帧

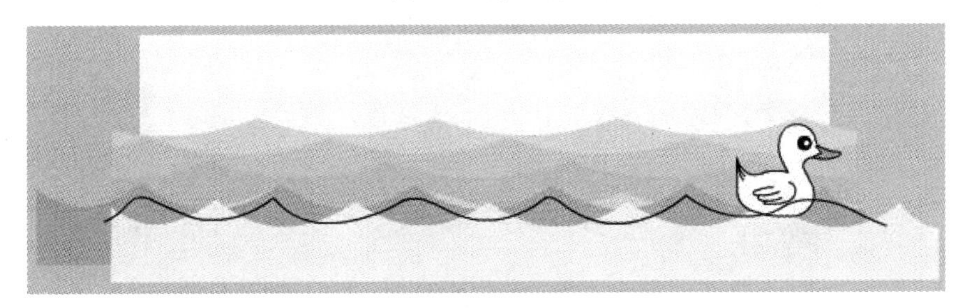

图 5.37　第 80 帧

10）在引导层上建立新图层 wave2，拖入影片剪辑元件“wave”。

11）完成后的时间轴如图 5.38 所示。按 Ctrl+Enter 组合键测试动画效果，并保存文档。

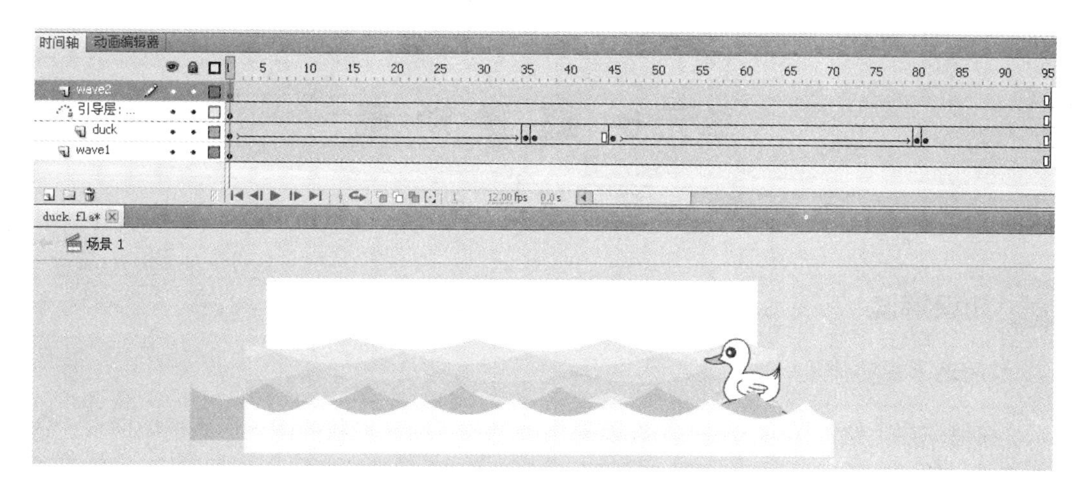

图 5.38 完成后的时间轴

单元6　遮 罩 动 画

知识解读

1. 遮罩层的作用

在遮罩层上绘制图形，相当于在遮罩层中挖掉了相应形状的洞，形成透明区域。透过遮罩层的这些透明区域可以看到其下面图层的内容，而在遮罩层内无图形区域则看不到其下面图层的内容。遮罩层下面的图层称为“被遮罩层”。利用遮罩层这一特性可以制作一些具有特殊效果的遮罩动画。

2. 遮罩层的创建

在 Flash 中没有一个专门的按钮来创建遮罩层，遮罩层是通过普通图层转化而来的。在某一图层的名称处右击，在弹出的快捷菜单中选择“遮罩层”命令，如图 6.1 所示，即可将一个普通图层转化为遮罩层，图层图标也从普通层图标转化为遮罩层图标，并且系统自动将遮罩层下面的一个图层关联为“被遮罩层”，在缩进的同时图标变为。如果想让多个图层关联为“被遮罩层”，只要将这些图层拖到被遮罩层的下面即可，如图 6.2 所示。

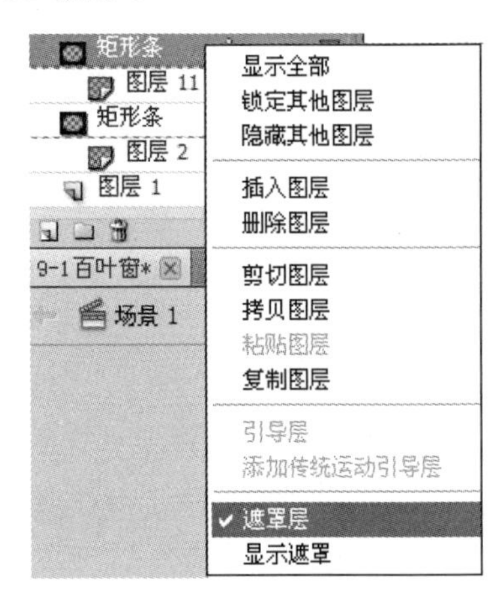

图 6.1　创建遮罩层

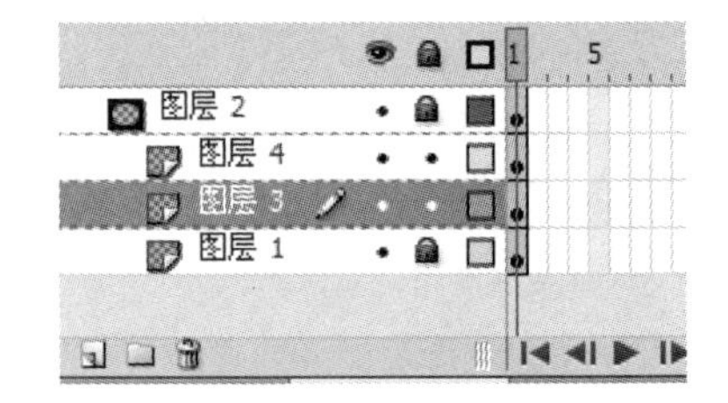

图 6.2　将多个图层关联为“被遮罩层”

案例6.1 神奇的遮罩

设计效果

实现静态遮罩和动态遮罩。

设计思路

神奇的遮罩

1）掌握遮罩的概念和遮罩产生的原理。
2）制作静态遮罩。
3）制作简单的动态遮罩。

设计步骤

1. 制作静态遮罩

（1）静态石夫人

1）图层1（下层）：把石夫人图片导入库后，再拖入舞台中（也可直接将其导入舞台中），大小改为550×400像素。

2）图层2（上层）：在舞台中绘制一个无边框圆。在图层2上右击，在弹出的快捷菜单中选择“遮罩层”命令，效果如图6.3所示。

图6.3 静态石夫人

图 6.4　静态飞度

（2）静态飞度

1）图层 1（下层）：把飞度图片导入库后，拖入舞台中（也可直接将其导入舞台中），大小改为 550×400 像素。

2）图层 2（上层）：在舞台中绘制一个无边框矩形，用选择工具使它变形。在图层 2 上右击，在弹出的快捷菜单中选择“遮罩层”命令，效果如图 6.4 所示。

举一反三

运用所学知识制作如图 6.5 所示的静态遮罩。

图 6.5　静态遮罩示例

2. 制作动态遮罩

动态遮罩是在静态遮罩的基础上，对遮罩层或被遮罩层进行位置、大小、形状等变化而产生的动画。

（1）动态人物

动画描述：圆从左到右，然后逐渐变大，因此看到的内容也随之变化。

动画分析：对遮罩层进行位置、大小的变化。

制作步骤如下。

1）图层 1（下层）：把人物图片导入舞台中，大小改为 550×400 像素，在第 40 帧处插入帧。

2）图层 2（上层）：在舞台中绘制一个无边框圆，并放在左边。在图层 2 上右击，在弹出的快捷菜单中选择“遮罩层”命令。在第 20 帧处插入关键帧，把圆移到右边。在第 40 帧处插入关键帧，把圆按比例放大。选择图层 2 中的所有帧，创建形状补间动画。

（2）动态飞度

动画描述：变形矩形的位置不变，里面的内容从右边移到左边，再从左边回到右边。

动画分析：对被遮罩层进行位置变化。

制作步骤如下。

1）图层 1（下层）：把飞度图片导入舞台中，大小改为 550×400 像素。

2）图层 2（上层）：在舞台中绘制一个无边框矩形，用选择工具使它变形。在图层 2 上右击，在弹出的快捷菜单中选择“遮罩层”命令。

3）回到图层 1：在第 1 帧把图片向右移。在第 20 帧处插入关键帧，把图片向左移。在 40 帧处插入空白关键帧，对第 1 帧进行复制，回到第 40 帧进行粘贴。选择这个层的所有帧，创建传统补间动画。

举一反三

1）动态 QQ 制作。

动画描述：花瓣从下方的 QQ 移动到上方的 QQ 处，逐渐变成和舞台一样大的矩形。

2）动态米老鼠制作 。

动画描述：五角形从一只米老鼠身上旋转到另一只米老鼠身上，然后旋转变大。

案例 6.2 狗倒影

设计效果

制作如图 6.6 所示的狗倒影效果。

图 6.6 狗倒影效果图

设计思路

1）通过复制图层和垂直翻转变形制作影子。

2）在“属性”面板进行颜色设置，制作水的效果。

3）通过遮罩动画制作水波荡漾的效果。

设计步骤

1）创建一个新的 Flash 文档，把文件背景大小改为 550×540 像素。

2）图层 1（狗）：导入狗的图片，大小为 550×270 像素，X、Y 坐标均为 0，将其转换为元件，在第 40 帧处插入帧。

3）图层 2（狗倒影）：复制图层 1 的第 1 帧，在图层 2 的第 1 帧粘贴帧，在菜单栏中选择“修改”→“变形”→“垂直翻转”命令，在“信息”面板中设置 X 值为 0，Y 值为 270。在“属性”面板的“色彩效果”选项组中设置“样式”为高级，并设置红 60%、绿 70%、蓝 100%。在第 40 帧处插入帧。

4）图层 3（狗倒影透明）：复制图层 2 的第 1 帧，在图层 3 的第 1 帧粘贴帧，按向下方向键两次。在“属性”面板的“色彩效果”选项组中设置“样式”为高级，并设置红 60%、绿 70%、蓝 100%，Alpha 值为 80%。在第 40 帧处插入帧。

5）图层 4（遮罩）：创建“边框矩形”元件，无边框矩形，大小为 550×5 像素，不断复制和粘贴，使其水平居中，垂直对齐，达到图 6.7 所示的效果。

图 6.7 “边框矩形”元件

在图层 4 的第 1 帧，拖入刚创建的“边框矩形”元件，底部空出一小段距离。在第 40 帧处按 F6 键插入关键帧，把边框矩形移到和底部相平。在图层 4 中的第 1 帧创建传统补间动画。右击图层 4，在弹出的快捷菜单中选择“遮罩层”命令，如图 6.8 所示。

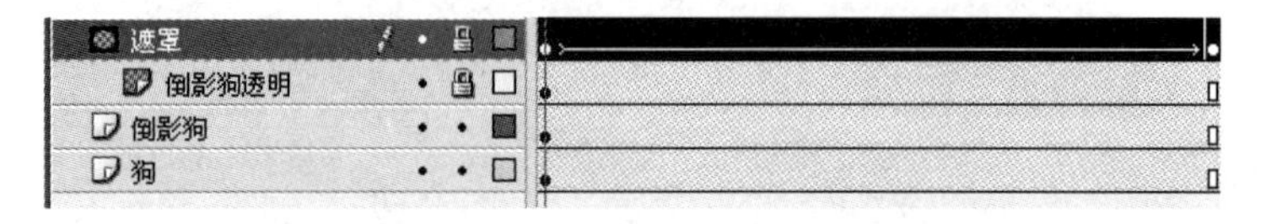

图 6.8 设置遮罩层

案例6.3 光影变幻字

设计效果

制作如图6.9所示的光影变幻字。

图6.9 光影变幻字效果图

设计思路

1）在“颜色”面板中调制线性渐变。
2）将多个元件排列整齐。
3）用文字做遮罩。
4）用明暗相间的矩形制作光影效果。

设计步骤

Step1 制作明暗相间的矩形。

1）创建一个新的Flash文档。

2）按Ctrl+F8组合键创建一个图形元件，命名为“文字”。

3）选择文本工具T，在其“属性”面板中设置字体为Arial，大小为80，颜色为枯黄色（颜色值为#FF8c40），然后在编辑区输入文字“Flash MX.”。

4）按Ctrl+F8组合键，创建一个图形元件，命名为“block”。

5）选择矩形工具，将笔触颜色设置为（无色），并在“颜色”面板中选择线性渐变，调制黑白黑的线性渐变，如图6.10所示。

6）在编辑区绘制渐变填充的矩形，如图6.11所示。

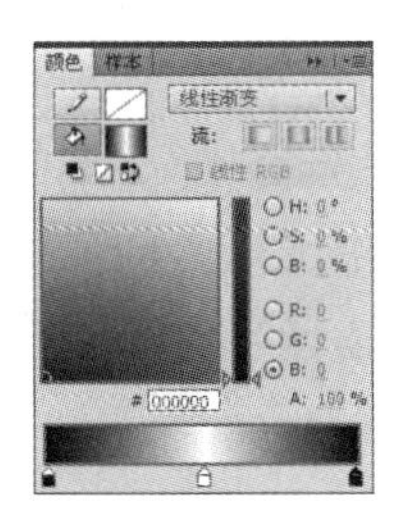

图6.10 设置线性渐变

图6.11 绘制渐变填充的矩形

7）选中刚绘制的矩形，按 Ctrl+C 组合键进行复制，再按 Ctrl+V 组合键进行多次粘贴，得到一系列矩形，使它们连续排列（可使用“对齐”面板使它们排列整齐）。最后效果如图 6.12 所示。

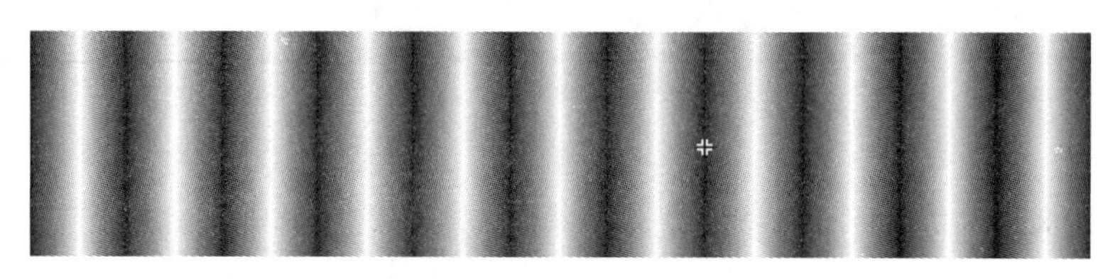

图 6.12　矩形连续排列

8）按 Ctrl+A 组合键选中场景中的所有矩形，按 Ctrl+G 组合键对其组合。

Step2 调整前景文字和用于遮罩的文字位置。

1）按 Ctrl+E 组合键返回场景 1。

2）新增两个图层。双击新增的图层 3，重命名为“前景文字”。同样，把图层 2 重命名为“遮罩文字”，把图层 1 重命名为“block”，如图 6.13 所示。

3）按 Ctrl+L 组合键打开“库”面板，把图形元件“文字”拖动到“前景文字”图层中，并调整到适当的位置。

4）选中文字，按 Ctrl+C 组合键进行复制，选择“遮罩文字”图层，按 Ctrl+Shift+V 组合键将文字原位复制到该图层中。接着按方向键，使文字向左、向下各移动一点儿。

Step3 通过被遮罩矩形的运动形成光景效果。

1）选择 block 图层的第 1 帧，从“库”中将“block”元件拖入，将其放在合适的位置，使文字位于它的左边，如图 6.14 所示。

图 6.13　重命名图层

图 6.14　第 1 帧

2）连续选中“前景文字”图层、“遮罩文字”图层，按 F5 键插入帧。

3）选中 block 图层的第 50 帧，按 F6 键插入关键帧。

4）把 block 图层的第 50 帧中的“block”元件往左移动，使文字位于“block”元件的右边。右击 block 图层的第 1 帧，在弹出的快捷菜单中选择“创建传统补间”命令。

5）右击“遮罩文字”图层，在弹出的快捷菜单中选择“遮罩层”命令。至此，光影变幻字动画制作完毕。

注意：“前景文字”图层最左边“F”字对应“遮罩文字”图层中的第1、50帧中矩形亮度相同的地方，这样动画看上去就不会抖动，比较流畅。

6）按Ctrl+Enter组合键测试动画效果，并保存文档。

案例6.4 小鱼戏水

设计效果

设计这样一个动画场景：在水波荡漾的水底，一条小鱼和一只螃蟹欢快地游来游去，如图6.15所示。要求动画效果生动、有趣，具有较高的观赏性。

图6.15 小鱼戏水效果图

设计思路

1）利用绘图工具绘制小鱼的形态。

2）用相似的绘画方法完成螃蟹的造型。

3）根据遮罩的原理完成海水波动的动态感。

4）建立引导层，创建动物的游动路径。

设计步骤

Step1 绘制小鱼。

1）创建一个新的Flash文档，设置舞台大小为550×400像素，背景色为白色。

2）在菜单栏中选择“插入”→“新建元件”命令，建立一个类型为“图形”、名称为“小鱼”的元件。

3）进入该元件的编辑状态，选择椭圆工具，并在其“属性”面板中将笔触颜色设置为黑色，笔触大小设置为2，填充颜色设置为白色。

4）绘制一个椭圆，并利用变形工具使椭圆微微倾斜，如图6.16所示。

5）再次使用椭圆工具分别绘制两个黑色和白色的实心椭圆，组合成眼睛的形状。

6）绘制眼睫毛。使用直线工具绘制3条直线，随后使用选择工具调整直线，使其略微弯曲，如图6.17所示。

图6.16　使椭圆微微倾斜

图6.17　绘制眼睫毛

7）绘制小鱼的身体。使用钢笔工具和选择工具绘制出小鱼身体的线条，如图6.18所示。如果对绘制的线条形状不满意，可以使用部分选取工具调整各部分线条的形状，如图6.19所示。

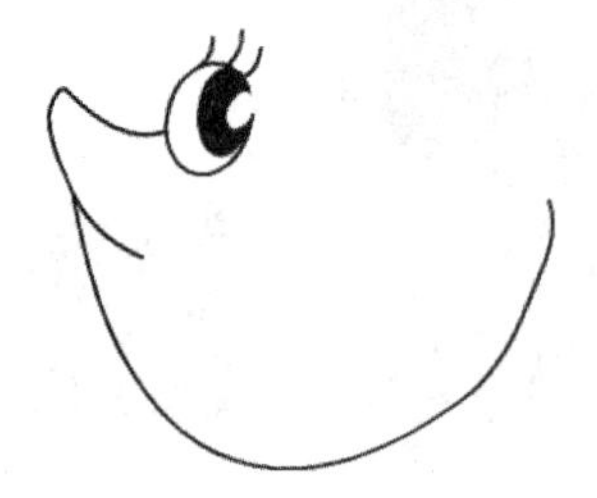

图6.18　绘制小鱼的身体

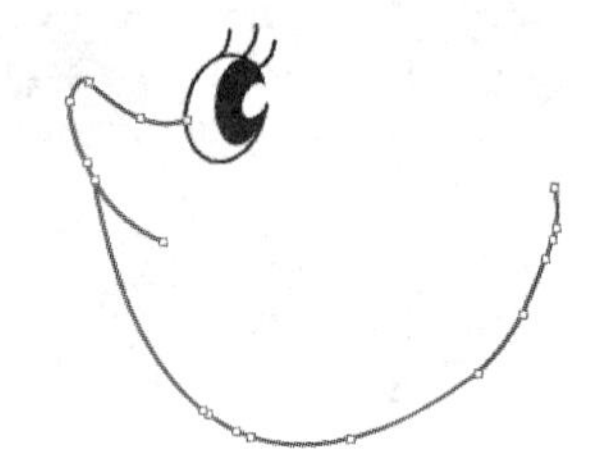

图6.19　调整线条的形状

8）用相同的方法绘制小鱼的尾巴和鳍，完成身体轮廓的勾勒，如图6.20所示。

9）选择颜料桶工具，设置合适的颜色，为小鱼填充颜色，如图6.21所示，这样，一条可爱的小鱼就绘制完成了。

图6.20　绘制小鱼的轮廓

图6.21　填充颜色

Step2 绘制螃蟹。

1）在菜单栏中选择“插入”→“新建元件”命令，建立一个类型为“图形”、名称为“螃蟹”的元件。

2）进入该元件的编辑状态，使用椭圆工具绘制螃蟹的眼睛，如图 6.22 所示。

3）按 Ctrl+C 组合键复制眼睛，按 Ctrl+V 组合键粘贴出另一只眼睛，并将其移动到合适位置，如图 6.23 所示。

图 6.22　绘制螃蟹的眼睛

图 6.23　双眼

4）使用钢笔工具和部分选择工具绘制螃蟹的身体，具体可参照小鱼的画法，如图 6.24 所示。

5）使用颜料桶工具为螃蟹填充颜色，如图 6.25 所示。

图 6.24　绘制螃蟹的身体

图 6.25　为螃蟹填充颜色

Step3 给背景的海水图片添加水波感，使海水显得更逼真。

1）在菜单栏中选择“插入”→“新建元件”命令，建立一个类型为“影片剪辑”、名称为“海水”的元件。

2）进入该元件的编辑状态，在菜单栏中选择“文件”→“导入”→“导入舞台”命令，将素材“a.jpg”导入舞台，并利用“对齐”面板使对象居中对齐。

3）右击图层 1 的第 1 帧，在弹出的快捷菜单中选择“复制帧”命令。新建图层 2，右击该图层的第 1 帧，在弹出的快捷菜单中选择“粘贴帧”命令。

4）选中图层 2 的第 1 帧，使用变形工具在垂直方向上略微压缩该图片，如图 6.26 所示。

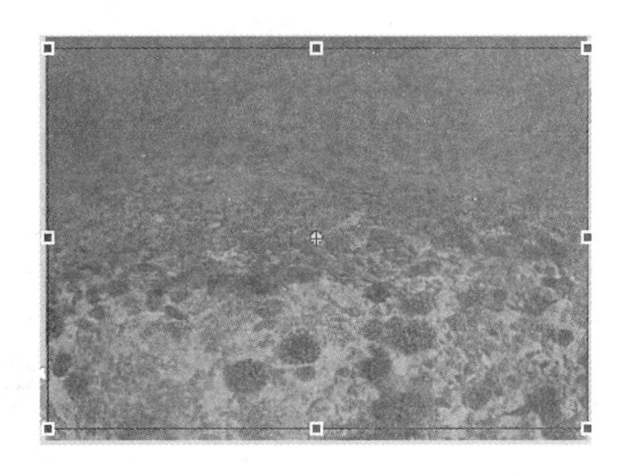

图 6.26　调整图片形状

小贴士

压缩该图片的目的是使上下两图不再重合，视觉效果略微有偏移，为制作动态水波做准备。

5）新建图层 3，选择矩形工具，将笔触颜色设置为无，填充颜色设置为红色，在图层 3 中绘制一条细长的矩形。注意：该矩形的长度以把图片覆盖住为准。

6）选中该矩形后按住 Alt 键复制矩形，直到矩形布满整个图片，如图 6.27 所示。

7）选中图层 3 上的所有矩形，设置水平中齐和垂直居中，使得矩形间距相同（注意：此时不要使用“与舞台对齐”命令），并将其转换为元件，如图 6.28 所示。

8）在第 30 帧处插入关键帧，使矩形向下移动。注意：此时矩形的长度也要以覆盖住图片为准，始末状态如图 6.29 和图 6.30 所示。为其创建传统补间动画。在其他图层的第 30 帧处插入帧。

9）右击图层 3，在弹出的快捷菜单中选择“遮罩层”命令，将图层 3 设为遮罩层。

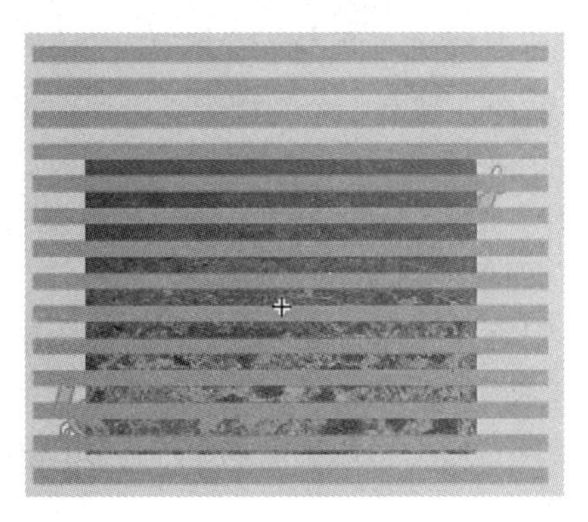

图 6.27　复制矩形

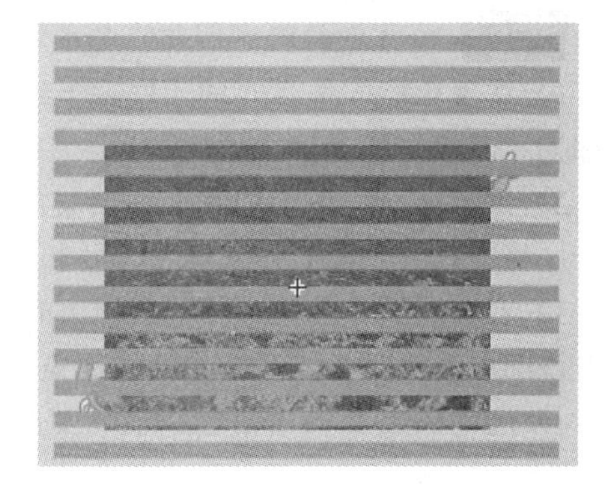

图 6.28　矩形的间距相等

图 6.29 图层 3 的第 1 帧

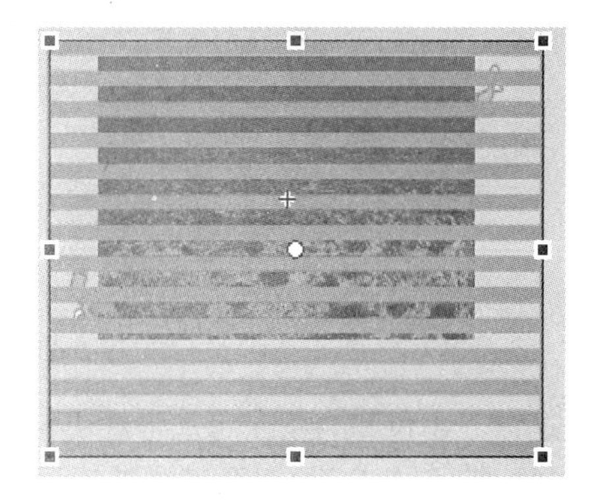

图 6.30 图层 3 的第 30 帧

Step4 制作小鱼戏水的动画效果。

1）返回场景 1，在图层 1 上将“海水”元件拖入舞台中，并利用“对齐”面板将其中心对齐。

2）新建图层 2，将“小鱼”元件拖入舞台中，并用变形工具将其缩小到合适大小。

3）添加传统运动引导层。使用铅笔工具绘制一条平滑曲线，作为小鱼游动的路径。

4）使用缩放工具将小鱼放大，使用选择工具选取小鱼的中心点，将小鱼拖到引导线的起始位置，使小鱼的中心点与曲线的起始位置重合，如图 6.31 所示。

5）在图层 2 的第 35 帧处插入关键帧，在图层 1 和引导层的第 35 帧处插入帧。在图层 2 的第 35 帧上，将小鱼拖到引导线的结束位置，使小鱼的中心点与曲线的结束位置重合，如图 6.32 所示，并创建传统补间动画。

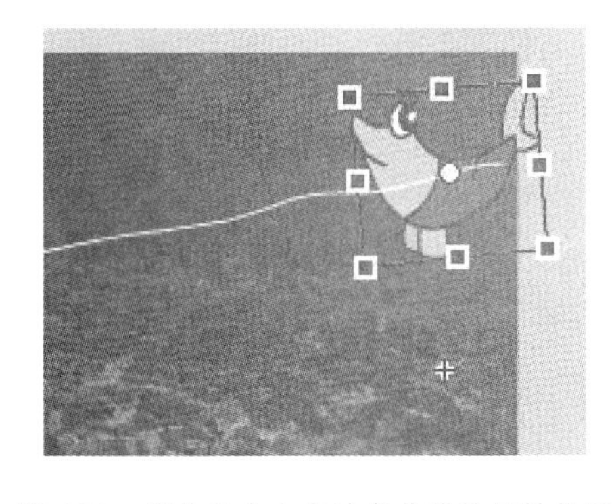

图 6.31 将小鱼中心点放在曲线的起始位置

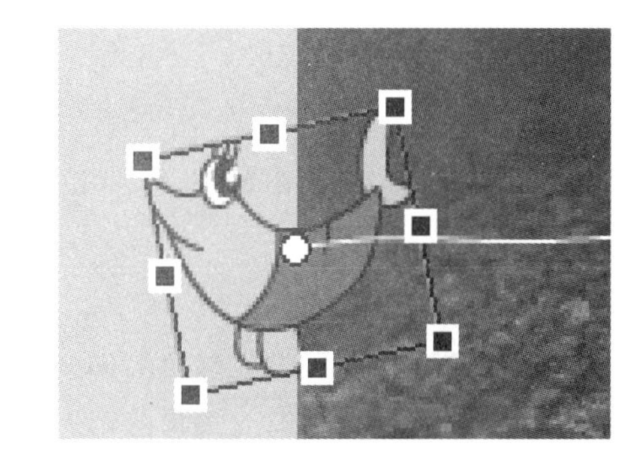

图 6.32 将小鱼中心点放在曲线的结束位置

6）选择图层 2 的第 1 帧，在“属性”面板中选中“调整到路径”复选框。

7）新建图层 3，将元件“螃蟹”拖放到舞台上，并将其缩小。

8）添加传统运动引导层，绘制一条相似的曲线作为螃蟹的运动轨迹，如图 6.33 所示。

9）将螃蟹的第 1、35 帧的中心调整到引导线上。

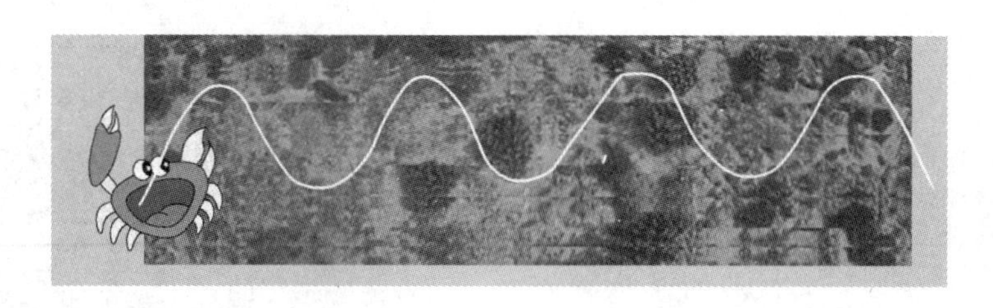

图 6.33 螃蟹的运动轨迹

这样，小鱼和螃蟹在海水中欢快畅游的动画就完成了。

10）按 Ctrl+Enter 组合键测试动画效果，并保存文档。

案例 6.5 红星闪闪

设计效果

制作如图 6.34 所示的红星闪闪效果。

图 6.34 红星闪闪效果图

设计思路

1）根据遮罩的原理完成红星闪闪的动态感。

2）利用绘图工具画出五角星的形态，要注意光暗面的效果。

设计过程

1）创建一个新的 Flash 文档，大小为 400×400 像素，背景色为黑色。

2）新建图形元件，命名为“线条组合”。

3）使用直线工具在工作区绘制一条水平的黄色直线，设置笔触大小为 3，用选择工具选中刚绘制的直线，在其“属性”面板中修改其宽为 200，高为 0，X 为-200，Y 为 20。

4）右击该线段，在弹出的快捷菜单中选择“转换为元件”命令，随后弹出“转换为元件”对话框。设置名称为“线条”，类型为“图形”，单击“确定”按钮，选择变形工具，将线段的中心点与场景的中心点对齐，如图 6.35 所示。

5）按 Ctrl+T 组合键，调出“变形”面板，设置旋转角度为 15°，然后单击“重置选区和变形”按钮，复制出如图 6.36 所示的图形。

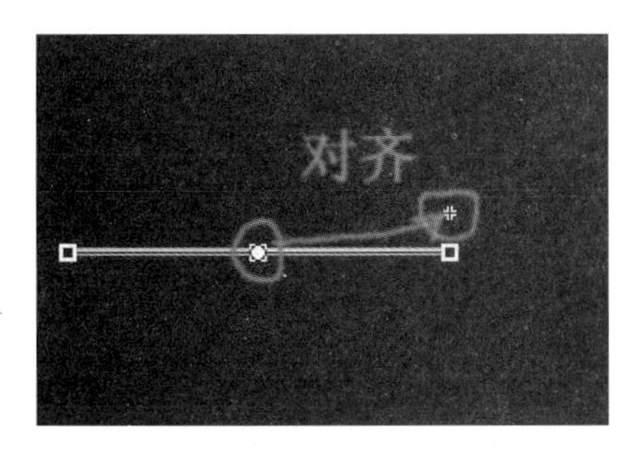

图 6.35　对齐中心点

图 6.36　复制图形

6）将图形全部选中，按 Ctrl+B 组合键打散，然后在菜单栏中选择“修改”→“形状”→“将线条转换为填充”命令。

7）新建一个影片剪辑元件，命名为“闪光”，单击第 1 帧，将“线条组合”元件从库中拖到舞台上，并对齐中心点。

8）在第 30 帧处按 F6 键插入一个关键帧，在第 1 帧处创建传统补间动画，在“属性”面板中将“旋转”设置为“顺时针”，在对应文本框中输入“1”。

9）新建图层 2，在第 1 帧将库中的“线条组合”元件拖到舞台上，并使之与原来的图形完全重合，在菜单栏中选择“修改”→“变形”→“水平翻转”命令，效果如图 6.37 所示。

图 6.37　水平翻转

10）在第 30 帧处按 F6 键插入一个关键帧，在第 1 帧处创建传统补间动画，在“属性”面板中将“旋转”设置为“逆时针”，在对应文本框中输入“1”。

11）分别在图层 1 和图层 2 的第 29 帧处按 F6 键插入关键帧，将第 30 帧删除。

12）右击图层 2，在弹出的快捷菜单中选择“遮罩层”命令。

13）新建一个图形元件，命名为“直线”。选择直线工具，绘制一条从中心点垂直向上的直线，在其“属性”面板中修改其宽为0，高为80，X为0，Y为-80。

14）新建一个图形元件，命名为“五星”，把库中的“直线”元件拖到工作区，使中心点对齐。

15）选中直线，按Ctrl+T组合键，调出“变形”面板，将其旋转角度设置为72°，然后单击“重置选区和变形”按钮4次。

16）选择直线工具将五个角对角连接，使用选择工具选中五角内的短线，并按Delete键删除，再选择直线工具将圆心与五角星凹进去的那个角分别连接，效果如图6.38所示。选中所有图形，按Ctrl+B组合键将其打散。

17）在菜单栏中选择“窗口”→“颜色”命令，打开“颜色”面板，设置“颜色类型”为“线性渐变”，设置左边的填充色为#CC0000，右边的填充色为黑色，左边的填充色色块向右边推进一点。选择颜料桶工具给五角星填充颜色，在填充五角星的每个角时，一半靠近圆心填充，另一半靠近尖部填充，如图6.39所示。

图6.38　绘制五角星

图6.39　填充颜色

18）将五角星的边线全部删除。

19）回到场景，单击第1帧，将影片剪辑元件“闪光”拖到舞台上，然后将图形元件“五星”拖到舞台上，并放置在“闪光”元件的中心之上。至此，整个动画制作完成。

20）按Ctrl+Enter组合键测试动画效果，并保存文档。

案例6.6　探照灯

设计效果

制作探照灯动画，即屏幕中的两束灯光照亮局部物体，接着探照灯左右摇摆，被照的物体变得明亮清晰，其余区域则模糊暗淡，给人以光影的视觉冲击，如图6.40所示。

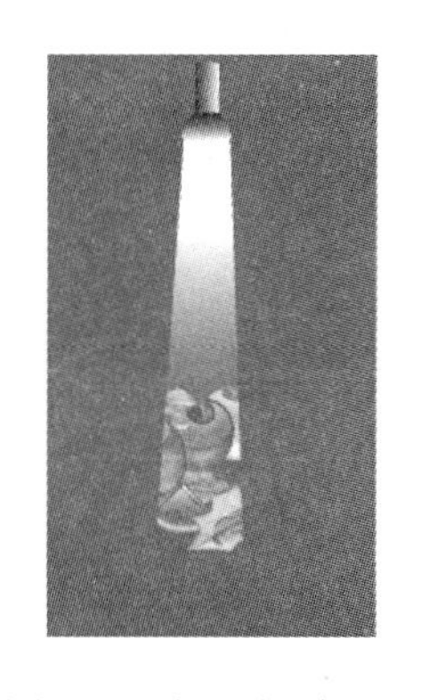

图 6.40　探照灯效果图

设计思路

1）用遮罩层制作光斑效果。

2）绘制探照灯的形状，利用遮罩层做出探照灯的光照效果。

设计步骤

1）创建一个新的 Flash 文档，设置舞台大小为 400×700 像素，背景色为深红色。

2）在菜单栏中选择“插入”→“新建元件”命令，建立一个类型为“图形”、名称为“探照灯”的元件。

3）进入该元件的编辑状态，使用矩形工具绘制一个笔触颜色为无、填充颜色为由黑到白的线性渐变的矩形作为灯管。

4）使用选择工具使矩形顶部产生弧度，如图 6.41 所示。

5）再次使用矩形工具绘制一个类似矩形。使用选择工具将矩形调整成灯罩形状，探照灯便绘制完成，如图 6.42 所示。

图 6.41　矩形顶部产生弧度

图 6.42　探照灯

6）新建图形元件“水果”，将素材“a.jpg”导入到舞台，并中心对齐。

7）返回主场景，将“水果”元件拖入舞台，并中心对齐，在第 100 帧处插入帧。

8）新建图层 2，作为被遮罩层，将图层 1 的第 1 帧复制到图层 2 的第 1 帧。

9）将图层 1 作为背景层，在该图层第 1 帧的“属性”面板中将其 Alpha 值设置为 10%。

10）新建图层 3，作为遮罩层，在其第 1 帧处绘制一个如图 6.43 所示的椭圆，在第 25 帧处按 F6 键插入关键帧，将椭圆移动到如图 6.44 所示的位置，创建传统补间动画使其运动。

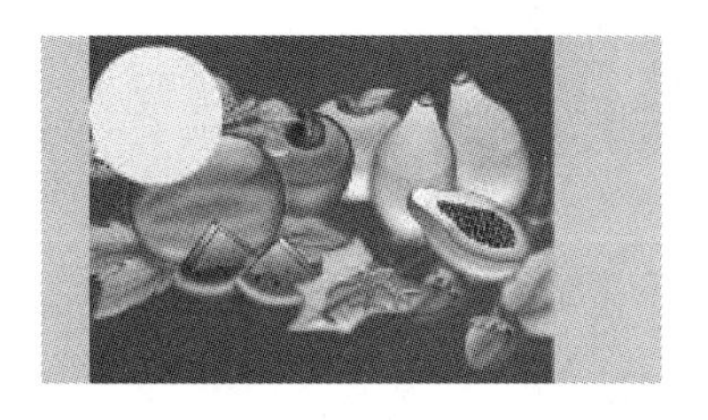

图 6.43　椭圆的第 1 帧位置

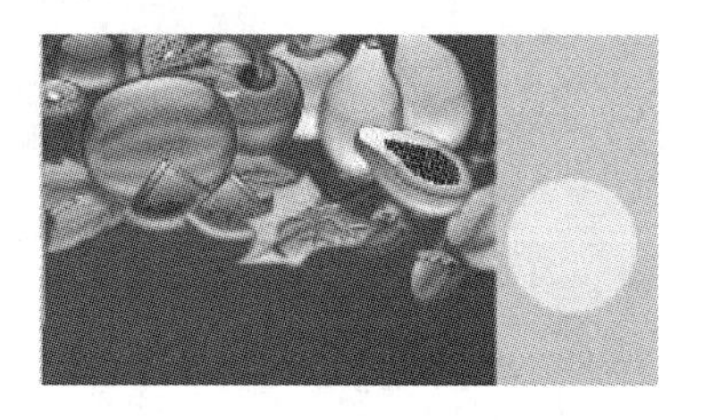

图 6.44　椭圆的第 25 帧位置

11）右击图层 3，在弹出的快捷菜单中选择“遮罩层”命令。

12）新建图层 4 和图层 5，绘制一个类似的遮罩光斑。注意：图层 4 中椭圆的运动方向和图层 2 中椭圆的运动方向相反。完成后的效果如图 6.45 所示。

13）制作探照灯遮罩。新建图层 6，从库中将“探照灯”元件拖到舞台的正上方，并调整到合适大小。

14）在其第 20 帧处按 F6 键插入关键帧，使用矩形工具绘制一个笔触颜色为无、填充颜色为从白色到透明的线性渐变的矩形光束，如图 6.46 所示。

15）同时选中探照灯和光束，按 Ctrl+G 组合键按使其组合成元件。在第 30 帧处按 F6 键插入关键帧，保持位置不变，接着在第 40、65、90 帧处插入关键帧，第 40、65 帧探照灯的位置如图 6.47 和图 6.48 所示，第 90 帧探照灯的位置和第 40 帧相同。

16）在以上各帧之间创建传统补间动画。

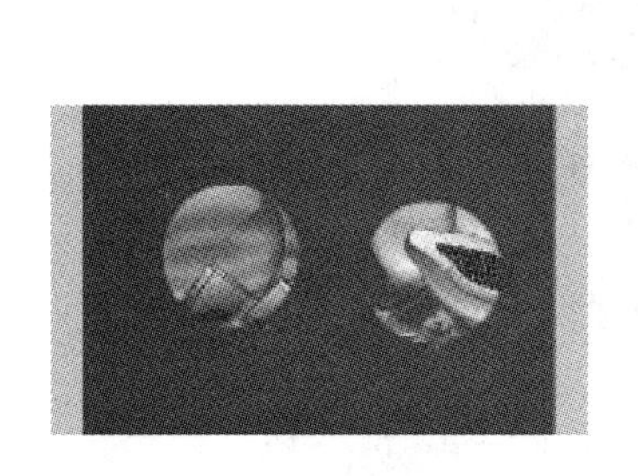

图 6.45　光斑效果

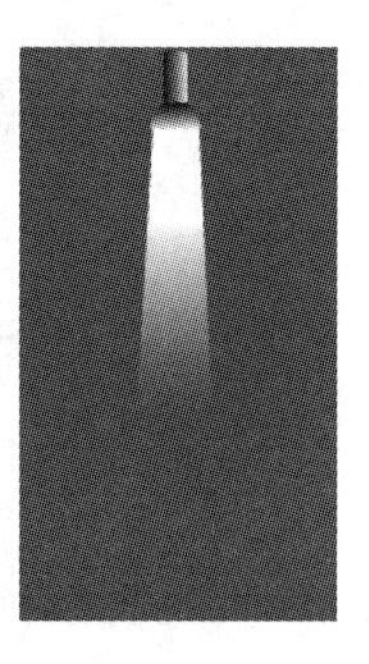

图 6.46　光束效果

图 6.47　第 40 帧探照灯的位置

图 6.48　第 65 帧探照灯的位置

17）创建灯光照在水果上的效果，利用灯光的形状来做遮罩。新建图层 7 和图层 8，将图层 2 的第 1 帧复制到图层 7 的第 1 帧，将图层 7 作为被遮罩层。

18）选中图层6，将图层6中的所有帧复制到图层8上，并删除图层8第100帧以后的帧。

19）将图层8设为遮罩层，时间轴上的图层分布如图6.49所示。

20）按 Ctrl+Enter 组合键测试动画效果，并保存文档。

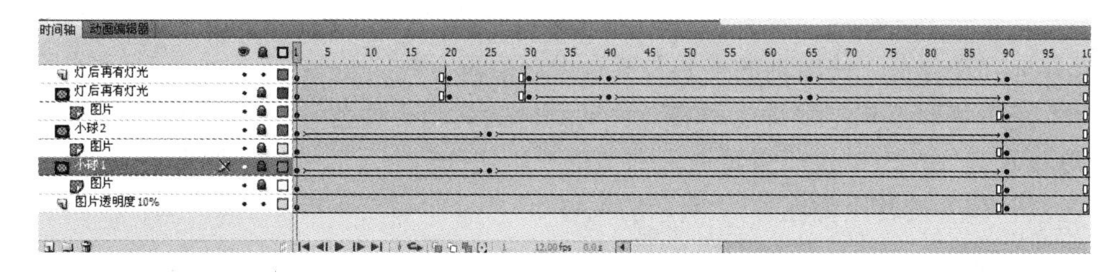

图6.49　时间轴上的图层分布

案例6.7　精美折扇

设计效果

制作一把精美的折扇展开后又收拢的动画，如图6.50所示。

图6.50　精美折扇效果图

设计思路

1）绘制扇骨，并使得扇骨逐次展开。

2）绘制扇面，并将扇面展开和扇骨一致。

设计步骤

1）创建一个新的 Flash 文档，设置舞台大小为550×400像素，背景色为白色。

2）新建一个名称为“扇骨”的图形元件，使用矩形工具绘制一个宽为10、高为250

的矩形，笔触大小为 1，填充颜色为由褐色到橙色的线性渐变。

3）新建图层 2，使用椭圆工具，按住 Shift 键绘制一个宽、高均为 8 的白色正圆作为扇轴，笔触大小为 1，并将椭圆设为水平中齐，中心点在垂直方向上为中心偏下的位置，如图 6.51 所示。

4）新建一个名称为“总扇骨”的影片剪辑元件，进入其编辑状态。从库中将元件“扇骨”拖到舞台上，使扇轴的中心与舞台中心点重合。

5）使用变形工具将扇骨的中心点移动到椭圆的圆心位置，在“变形”面板中将旋转角度设置为 10°，单击“重置选区和变形”按钮 16 次，形成扇子的形状。再次使用变形工具将扇骨旋转至如图 6.52 所示的位置。

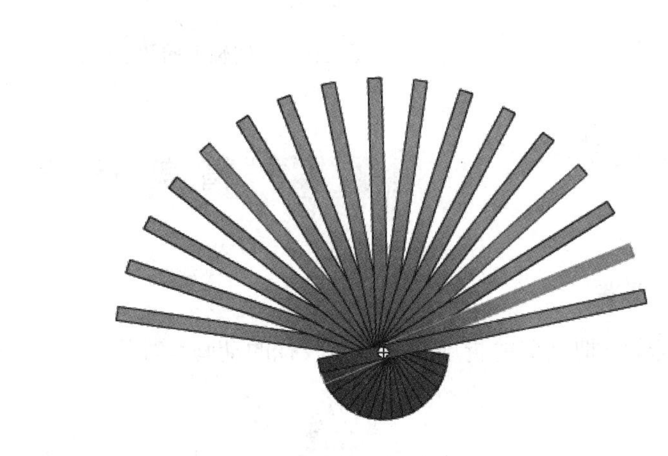

图 6.51　绘制扇骨　　　　图 6.52　复制扇骨

6）在舞台上选中所有图形，在菜单栏中选择“修改”→“时间轴”→“分散到图层”命令，可以看到每根扇骨都分散到不同的图层上。

7）将第 2 根扇骨的第 1 帧拖到第 2 帧的位置，将第 3 根扇骨的第 1 帧拖到第 3 帧的位置，以此类推，形成扇子逐步展开的动画效果。

8）在菜单栏中选择“视图”→“标尺”命令，将标尺显示在舞台上。在 X 轴和 Y 轴上拖出 3 条基准线，使之对齐中心点和扇骨的顶端。

9）在最顶层用椭圆工具同时按住 Shift 键绘制一个中心点在圆心、半径为扇骨长的正圆，笔触颜色为黑色，填充颜色为白色。

10）选中正圆，在“变形”面板中将其缩放大小设置为 45%，单击“重置选区和变形”按钮，复制出一个小的同心圆。

11）使用直线工具连接同心圆的圆心和最旁边的扇骨。

12）将两根连接线以下的所有图形全部选中，右击，在弹出的快捷菜单中选择“剪切”命令，新建图层，在第 1 帧上粘贴多余的扇形，并将此层隐藏，如图 6.53 所示。

13）选中白色扇面，打开“颜色”面板，设置“颜色类型”为“位图填充”，导入素材即可，最终扇面效果如图 6.54 所示。

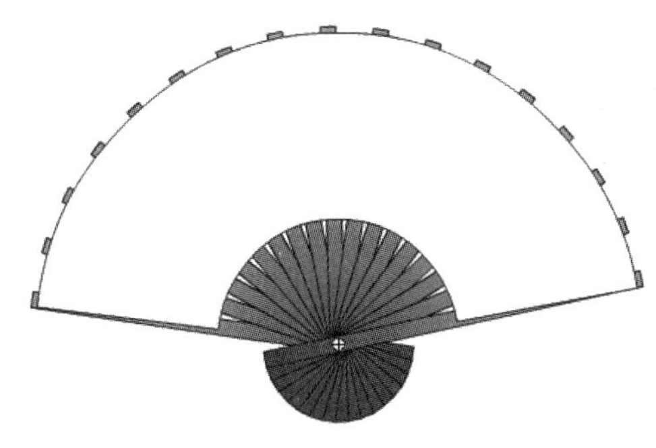

图 6.53　剩下的扇面

图 6.54　导入位图后的扇面效果

14）选中扇面，在菜单栏中选择“修改”→“转换为元件”命令，在弹出的“转换为元件”对话框中设置名称为“扇面”，类型为“图形”。在其属性面板中将 Alpha 值改为 90%。

15）制作扇面的遮罩层，现成的遮罩材料就是多余的扇面。将最后一个图层显示出来，将多余扇面的中心点移到舞台中心位置，并创建传统补间动画，如图 6.55 所示。

16）在第 19 帧处按 F6 键插入关键帧，确定多余扇面的中心也在舞台中心上，使用变形工具将其翻转。

17）将该层设置为扇面的遮罩层。

18）将所有层延续到第 45 帧，从第 26 帧起制作扇面收拢的效果，方法和扇面展开相同。

19）回到主场景，从库中将元件“总扇骨”拖到舞台中心。

20）按 Ctrl+Enter 组合键测试动画效果，并保存文档。

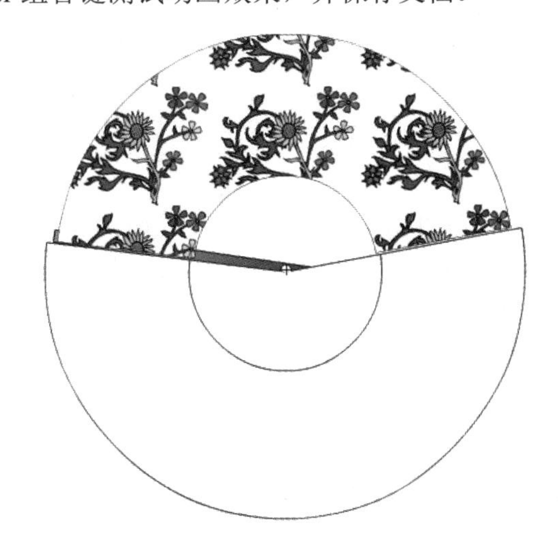

图 6.55　显示多余扇面

单元 7　按　　钮

知识解读

很多人喜欢用 Flash 制作网页，制作 Flash 中的按钮是一个重要知识点，按钮的交互性是按钮最主要的特点。Flash 网页通过按钮进行交互，可以让用户亲自参与控制和操作影片的进程。

除了图形和影片剪辑之外，按钮是 Flash 的第三种元件类型。Flash 公用库本身就提供了很多现成的按钮，只要将这些按钮拖到场景中就可以了。如果我们希望亲手制作一些更有个性、更精致的按钮，就必须先了解按钮的内部原理。

当新建了一个类型为“按钮”的元件时，可以看到按钮元件内部有 4 种状态，分别是弹起、指针经过、按下和点击，用户可以在这 4 个状态下插入关键帧，下面主要介绍这 4 种状态各自的作用。

1）弹起：按钮没有被触发时的样子，也就是按钮的原始状态。

2）指针经过：鼠标划过或停留在按钮上的状态。

3）按下：鼠标点击在按钮上的状态。

4）点击：代表按钮的有效点击区域。如果按下状态时的图形是填充图形，那么按钮的有效点击区域就默认为是该图形。但是，如果制作的是文字按钮或者空心按钮，则其很难被选中，这时需要添加一个区域图形，覆盖文字或者空心图形，使得鼠标在此区域内点击有效，这就是点击区域。该区域内的图形颜色将被隐藏，它只代表按钮的有效范围。

值得注意以下几点。

1）在按钮的每个状态下都可以添加新图层，制作较为复杂的图形。

2）在按钮中的某一状态下可以拖入影片剪辑，使得按钮有较多的变化动作。

3）在按钮中不能添加动作。

4）在按钮中可适当添加响应音效。例如，在按下状态中拖入一个音效，那么测试时点击按钮就会出现相应的音效。

5）在制作过程中，被拖放到主场景的按钮只显示弹起状态下的内容，其他鼠标响应时无效，只是在测试影片或者直接导出影片时才能查看按钮的响应效果。

案例7.1 宝宝按钮

设计效果

设置一个儿童网站的主页，可爱的宝宝表情隐藏着按钮，如图7.1所示，当鼠标经过这些表情时，就会有按钮的响应，要求网页形式生动、活泼。

图7.1 宝宝按钮效果图

设计思路

1）布置场景，预留按钮位置。

2）分别编辑每个按钮的状态。

设计步骤

Step1 先设计场景，这一步骤随意性很大，可以根据个人的喜好来布置。

1）创建一个新的Flash文档，设置舞台大小为900×390像素，背景色为白色。

2）在菜单栏中选择“文件”→“导入”→“导入到舞台”命令，将素材“a.jpg”导入舞台，在“属性”面板中将其大小调整为舞台大小，并居中对齐。

3）修饰界面，使用直线工具在舞台上绘制出分割线，并在“属性”面板设置其属性，选择适合的直线类型，颜色为白色，笔触大小为1。

4）使用多角星形工具和椭圆工具绘制若干可爱的图形，如图7.2所示。

图 7.2　绘制可爱的图形

5）在菜单栏中选择“文件”→“导入”→“导入到库”命令，将素材“b.jpg”“c.jpg”“d.jpg”“e.jpg”“f.jpg”都导入库中。

6）在菜单栏中选择“插入”→“新建元件”命令，建立一个类型为“图形”、名称为“1”的元件。

7）进入元件的编辑状态，从库中将“b.jpg”拖到舞台，并居中对齐。

8）仿照步骤 7），新建名称为“2”“3”“4”“5”的图形元件，分别将“c.jpg”“d.jpg”“e.jpg”“f.jpg”导入其中。

9）在菜单栏中选择“插入”→“新建元件”命令，建立一个类型为“按钮”、名称为“宝宝 1”的元件。

10）进入按钮的编辑状态，可以看到时间轴上有 4 个状态，分别是“弹起”“指针经过”“按下”“点击”。将元件 1 拖到“弹起”状态中，并使其相对于舞台居中对齐，如图 7.3 所示。

11）在“指针经过”状态中，插入关键帧，选中图形，在“变形”面板中将其大小缩放为 90%，在“属性”面板中将其 Alpha 值改为 50%，如图 7.4 所示。

12）在“按下”状态中，插入关键帧，将其缩放大小设置为 80%，Alpha 值为 100%，如图 7.5 所示。

13）仿照上述步骤，新建命名为“宝宝 2”“宝宝 3”“宝宝 4”“宝宝 5”的按钮元件，将其他图形元件分别按步骤 10）～步骤 12）所述方法，拖到各个状态下，具体过程不再重复。

图 7.3　弹起图形

图 7.4　指针经过图形

图 7.5　按下图形

Step2 把这些已经制作完毕的按钮拖到场景中。

1）回到主场景，新建图层，从库中将“宝宝 1”“宝宝 2”“宝宝 3”“宝宝 4”“宝宝 5”按钮元件拖入舞台适合位置，将新图层移至最底层。

2）按 Ctrl+Enter 组合键测试动画效果，并保存文档。

案例 7.2 个人主页按钮

设计效果

制作个人主页按钮，将几个花形按钮隐藏在向日葵丛中，如图 7.6 所示，当鼠标滑过它们的时候，就会触发文字提示，要求页面设计既美观又实用。

图 7.6　个人主页按钮效果图

设计思路

1）使用绘图工具绘制转动的向日葵。

2）将影片剪辑拖入按钮中。

3）将按钮分布到舞台的适合位置上。

设计步骤

1）创建一个新的 Flash 文档，设置舞台大小为 595×353 像素，背景色为白色。

2）将素材拖放到舞台，并使其相对于舞台居中对齐。

3）在菜单栏中选择“插入”→“新建元件”命令，建立一个类型为“图形”、名称为“花瓣”的元件，进入元件的编辑状态。

4）使用直线工具绘制一个三角形，笔触颜色为橘红色，笔触大小为 3，使用选择工具将三角形拉伸为花瓣形状，内部填充为金黄色，如图 7.7 所示。

5）选中图形，使用变形工具将其中心点垂直向下拖动，直到拖到图形下方。

6）在“变形”面板中将旋转角度设置为 45°，并单击“重置选区和变形”按钮，如图 7.8 所示。

7）新建图层 2，选择椭圆工具，设置笔触颜色和花瓣的相同，填充颜色为由白色到金黄色的放射状渐变，绘制一个花心的形状，如图 7.9 所示。

8）选中花心图形，右击，在弹出的快捷菜单中选择“转换为元件”命令，将新元件命名为“花心”，并将“花瓣”元件的图层 2 删除。

9）进入“花心”的编辑状态，新建图层 2，使用直线工具和选择工具绘制一些花心纹路，如图 7.10 所示。

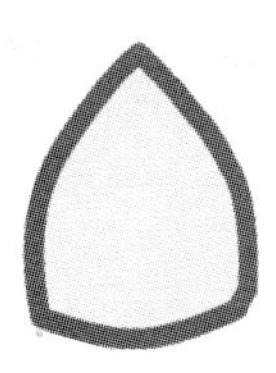

图 7.7　绘制一个花瓣

图 7.8　复制花瓣

图 7.9　绘制花心

图 7.10　绘制花心纹路

10）新建名称为“旋转的花瓣”的影片剪辑元件，进入元件的编辑状态。将“花瓣”元件拖入舞台并居中对齐，在第 45 帧处按 F6 键插入关键帧，在第 1 帧处创建补间动画，在“属性”面板中设置“旋转”为顺时针 1 次。

11）新建名称为“我的主页”、类型为“按钮”的元件，进入元件的编辑状态。在“弹起”状态将“花瓣”图形元件拖到舞台，并使其相对于舞台中心对齐，如图 7.11 所示。

12）在“指针经过”状态将“旋转的花瓣”拖入舞台，并中心对齐，如图 7.12 所示。

13）在“按下”状态再次将“花瓣”图形元件拖入舞台中心，并在“变形”面板中将缩放大小修改为 150%，如图 7.13 所示。

图 7.11　弹起的图形

图 7.12　指针经过的图形

图 7.13　按下的图形

14）新建图层 2，在前 3 个状态中将“花心”图形元件拖到舞台中心，并在“按下”状态将“花心”缩放大小修改为 150%。

15）新建图层 3，在“指针经过”状态下输入文字“我的主页”。在“按下”状态插入帧，完成当鼠标经过就有文字出现的效果。

16）在库中选中“我的主页”元件，右击，在弹出的快捷菜单中选择“直接复制”命令，弹出“直接复制元件”对话框，设置名称为“我的相册”，单击“确定”按钮。

17）进入“我的相册”元件的编辑状态，在图层 3 上将文字“我的主页”改为“我的相册”，其余不变。

18）按照步骤 16）和步骤 17）的方法，制作名称为“我的作品”和“友情链接”的按钮。

19）回到主场景，从库中将之前的 4 个按钮元件拖到舞台的合适位置。

20）按 Ctrl+Enter 组合键测试动画效果，并保存文档。

案例 7.3　钟　楼

设计效果

制作钟楼动画，当鼠标移到钟楼的钟上时，钟就开始摆动并发出敲钟的声音，如图 7.14 所示。

图 7.14　钟楼效果图

设计思路

1）在动画中加入音效。

2）制作动态按钮。

设计步骤

Step1 制作一个钟的动画。

1）创建一个新的 Flash 文档，设置背景色为白色。

2）按 Ctrl+F8 组合键创建一个影片剪辑元件，名称为“bell-mov”，在第 1 帧绘制一个钟，将钟的顶端对准中心点。然后选中它，按 F8 键转换为图形元件“bell”，如图 7.15 所示。

3）在第 5、15、20 帧处按 F6 键插入关键帧，在第 5 帧将钟顺时针旋转（图 7.16），在第 15 帧将钟逆时针旋转（图 7.17）。

注意：不管怎么旋转，钟的顶端都要对准十字中心点。然后单击这一图层，选中所有的帧，创建传统补间动画，这样就形成了钟左右摇摆的动画。

图 7.15　“bell”图形元件

图 7.16　第 5 帧

图 7.17　第 15 帧

4）建立新图层“sound”，按 Ctrl+R 组合键导入声音文件“bell-int.way”，作为敲钟的声音，如图 7.18 所示。

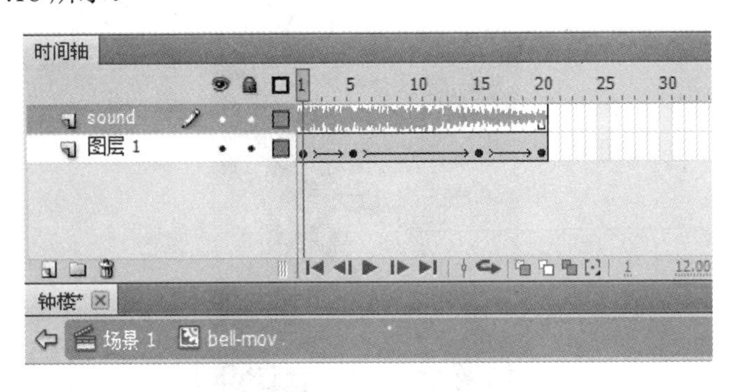

图 7.18　导入声音

5）下面利用“bell-mov”影片剪辑元件制作一个按钮。按 Ctrl+F8 组合键创建新按钮元件“bell-but”，在“弹起”帧中拖入图形元件“bell”，使钟的顶端对准十字中心点。在“指针经过”帧拖入影片剪辑元件“bell-mov”，位置和“弹起”帧的钟位置相同。

6）按 Ctrl+F8 组合键创建图形元件“tower”，绘制或导入一个钟楼的图形，位置居中，如图 7.19 所示。

Step2 动画合成。

1）按 Ctrl+E 组合键返回场景 1，将图层 1 重命名为“background”。使用矩形工具绘制一个从上到下由蓝色到白色渐变填充的矩形，大小和舞台一样，在下方再用画笔工具绘制如图 7.20 所示的背景。

2）新增图层，命名为“bell”，从元件库中将图形元件“tower”拖入，然后将元件

“bell-but”拖入到钟楼中合适的位置。至此，钟楼的动画就完成了。

3）按 Ctrl+Enter 组合键测试动画效果，并保存文档。

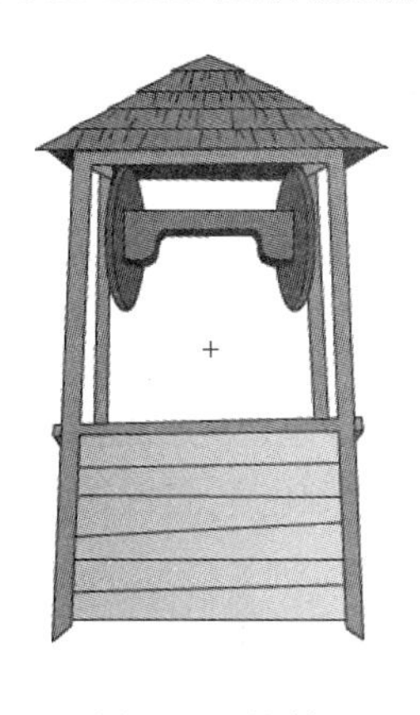

图 7.19　钟楼

图 7.20　背景

案例 7.4　花朵按钮

设计效果

制作一个动态的按钮，在按钮弹起、鼠标经过及按下时呈现不同的动画效果：按钮弹起时是旋转的花朵；当鼠标经过时，变成 4 朵花向 4 个方向逐渐移动消失；当按下鼠标时，花朵变淡，如图 7.21 所示。在不同帧放上不同的影片剪辑，可以使按钮效果更丰富多彩，发挥你的创意，制作出自己喜欢的按钮。

图 7.21　花朵按钮效果图

设计思路

1）设置图形元件透明。

2）将不同的影片剪辑用于按钮的关键帧，制作动态按钮效果。

3）使用 stop 命令让影片剪辑停止播放。

设计步骤

Step1 自制背景。

1）创建一个新的 Flash 文档，大小为 450×450 像素，背景色为白色。

2）在菜单栏中选择“窗口”→“颜色”命令，打开“颜色”面板，设置颜色模式为“径向渐变”，然后调制从绿色到黑色的渐变色。

3）在工具箱中选择矩形工具，设置笔触颜色为无，填充颜色为调制的渐变色，在场景中绘制一个和舞台一样大小的矩形。

4）在菜单栏中选择“文件”→“导入”→“导入到舞台”命令，在弹出的“导入”对话框中选择花朵图案文件“bg.jpg”，然后单击“打开”按钮，即把图片导入 Flash 中，按 F8 键将其转换为图形元件“bg”。然后在“属性”面板中将它的大小设置为和舞台一样，X 轴坐标值与 Y 轴坐标值均设为 0；在“色效效果”选项组中设置“颜色样式”为 Alpha，并设其值为 20%，如图 7.22 所示。

图 7.22　改变背景图案的透明度

Step2 制作用于按钮不同状态的动画。

1）制作用于按钮指针经过帧的动画。

① 按 Ctrl+F8 组合键打开“创建新元件”对话框，在“名称”对话框中输入“movie1”，在“类型”下拉列表框中选择“影片剪辑”选项，然后单击“确定”按钮，建立一个新的影片剪辑元件，并进入这个元件的编辑状态。

② 在菜单栏中选择“文件”→“导入”→“导入到舞台”命令（或按 Ctrl+R 组合键），在弹出的“导入”对话框中选择花朵图案文件“flower.gif”，然后单击“打开”按钮，把图片导入 Flash 中。

③ 按 F8 键将其转换为图形元件“flower1”。然后打开“对齐”面板，勾选“与舞台对齐”复选框，然后单击“水平中齐”按钮和“垂直中齐”按钮将图片移动到工作区的中央，如图 7.23 所示。

④ 在图层 1 的第 16 帧处按 F5 键即把图层 1 的帧数增加到 16 帧。

⑤ 单击“时间轴”面板左下角的“新建图层”按钮，在图层 1 上方增加图层 2。

⑥ 右击图层 1 的第 1 帧，在弹出的快捷菜单中选择“复制帧”命令，再右击图层 2 的第 1 帧，在弹出的快捷菜单中选择“粘贴帧”命令。

⑦ 在图层 2 的第 16 帧处按 F6 键插入关键帧。使用变形工具对它进行缩小，然后将它置于右下角，如图 7.24 所示。

图 7.23　flower1 图形

图 7.24　缩小图形放到右下角

⑧ 在其“属性”面板将“颜色样式”设置为 Alpha，并将其值设置为 0%。

⑨ 右击图层 2 的第 1 帧，在弹出的快捷菜单中选择“创建补间动画”命令。

⑩ 单击 3 次时间轴窗口左下角的“新建图层”按钮，在图层 2 上方增加 3 个图层。

⑪ 选中图层 2 中的所有帧，在弹出的快捷菜单中选择“复制帧”命令，再分别在图层 3～图层 5 的第 1 帧上右击，在弹出的快捷菜单中选择“粘贴帧”命令，复制第 2 层的内容，如图 7.25 所示。

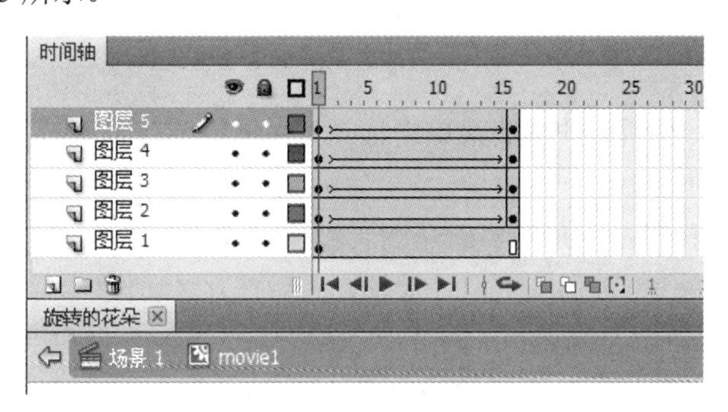

图 7.25　建立补间动画后的时间轴

⑫ 分别将这 3 层中第 15 帧的缩小图形向右上角、左上角、左上角移动，完成 4 个方向逐渐移动渐变、颜色渐变、大小渐变的动画。

⑬ 按 Ctrl+F8 组合键打开“创建新元件”对话框，在“名称”文本框中输入“movie2”，在“类型”下拉列表框中选择“影片剪辑”选项，然后单击“确定”按钮，建立一个新影片剪辑元件。

⑭ 从元件库中拖出“flower1”元件，并把它置于工作区的中央。

⑮ 在第 60 帧处按 F6 键插入关键帧，再使用变形工具将第 60 帧的图形旋转 180°。

⑯ 右击图层 1，在弹出的快捷菜单中选择“创建传统补间”命令。

2）制作用于按钮按下帧的动画。

① 按 Ctrl+F8 组合键打开“创建新元件”对话框，在“名称”文本框中输入“movie3”，在“类型”下拉列表框中选择“影片剪辑”选项，然后单击“确定”按钮，建立一个新的影片剪辑元件。

② 从元件库中拖出“flower1”元件，并把它置于工作区的中央。

③ 在第 3 帧处按 F6 键插入关键帧，再使用变形工具将第 3 帧的图形拉大，然后在其“属性”面板将“颜色样式”设置为 Alpha，并将其值设置为 50%，效果如图 7.26 所示。

图 7.26　第 3 帧的拉大且降低透明度的图形

④ 右击图层 1，在弹出的快捷菜单中选择“创建传统补间动画”命令，这样就形成了放大、颜色渐淡的动画。

⑤ 单击时间轴窗口左下角的“新建图层”按钮，在图层 1 上方增加图层 2。

⑥ 在第 2 帧处按 F7 键插入空白关键帧，然后打开“动作”面板，依次在面板左侧列表中选择“动作”→“全局函数”→“时间轴控制”选项，然后双击 stop 命令，即可在右边的“脚本”窗格中加入 ActionScript 语句：Stop()。

注意： stop 命令是最常用、最基本的影片剪辑控制命令，表示停止影片剪辑的播放。在时间轴中，加入了 ActionScript 语句的帧上会出现一个 a，如图 7.27 所示。

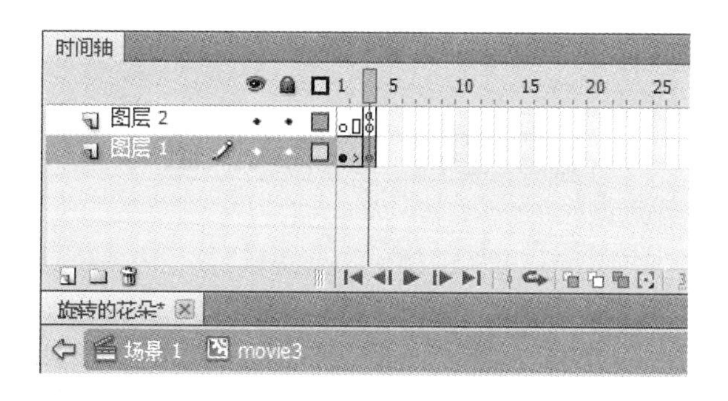

图 7.27　“movie3”的时间轴

⑦ 按 Ctrl+F8 组合键打开“创建新元件”对话框，在“名称”文本框中输入“btn1”，在“类型”下拉列表框中选择“按钮”选项，然后单击“确定”按钮，建立一个新的按钮元件，这时将进入“btn1”按钮元件的编辑模式。

⑧ 分别单击“指针经过”帧、“按下”帧和“点击”帧，按 F7 键插入空白关键帧。

⑨ 选择“弹起”帧，从元件库中拖入影片剪辑元件“movie 2”，并把它置于工作区的中央，如图 7.28 所示。

⑩ 选择“指针经过”帧，从元件库中拖入元件“movie 1”，并把它置于工作区的中央，如图 7.29 所示。

⑪ 选择“按下”帧，从元件库中拖入元件“movie 3”，并把它置于工作区的中央，如图 7.30 所示。

图 7.28　按钮的常态

图 7.29　鼠标移到按钮上的效果

图 7.30　在按钮上按下鼠标后的效果

⑫ 选择“点击”帧，使用椭圆工具绘制一个圆（颜色任意），其大小能包含前面帧的图形，作为鼠标的感应范围。

⑬ 按 Ctrl+E 组合键切换到场景 1。

⑭ 单击时间轴窗口左下角的“新建图层”按钮，增加图层 2。从元件库中拖入刚编辑完的按钮元件“btn 1”，并把它置于工作区中。

⑮ 按 Ctrl+Enter 组合键测试动画效果，并保存文档。

案例 7.5 菜单式按钮

设计效果

制作菜单式按钮（图 7.31），要求页面的按钮都是隐形的，当鼠标划过时就会有复杂的动画出现。这个按钮的综合实例将开阔我们做按钮的思路。

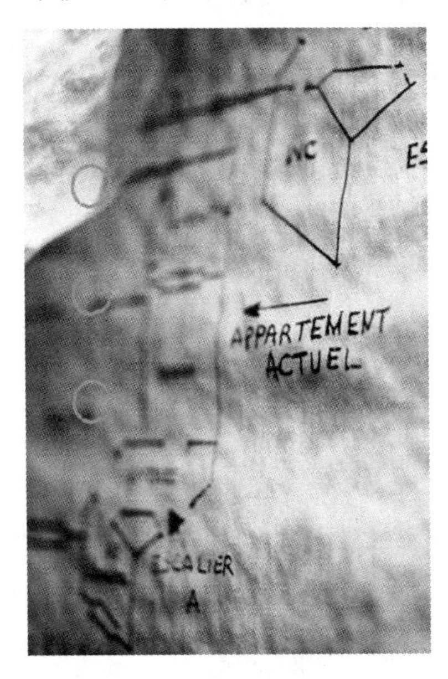

图 7.31　菜单式按钮效果图

设计思路

1）制作按钮中的影片剪辑。

2）绘制有效区域，将按钮拖到该有效区域。

3）在舞台上绘制场景动画，并将按钮拖到舞台。

设计步骤

1）创建一个新的 Flash 文档，设置舞台大小为 400×500 像素，背景色为白色。

2）新建一个名称为“圆形”的图片元件，使用椭圆工具绘制一个正圆，笔触大小为 3、笔触颜色为橙色、填充颜色为无。

3）新建一个名称为“movie”的影片剪辑元件，复制步骤 2）绘制正圆，按 Ctrl+

Shift+V 组合键将其粘贴到当前位置，按 Ctrl+T 组合键打开“变形”面板，约束缩放比例，将缩放比例改为 150%，单击“重置选区和变形”按钮，形成同心圆的效果。

4）在第 2 帧处按 F6 键插入关键帧，按 Ctrl+V 组合键将其粘贴到中心位置，将新生成的圆移动到同心圆右侧。

5）在第 3 帧处按 F6 键插入关键帧，再次按 Ctrl+V 组合键将其粘贴到中心位置，将新生成的圆移动到前两个圆的右侧。

6）按照相同的方法，插入第 4、5、6 帧，每插入一帧就添加一个新的圆，第 6 帧效果如图 7.32 所示。

7）在第 13 帧处按 F6 键插入关键帧，将右边 5 个圆改成“MOVIE”，并按 Ctrl+B 组合键两次，使之完全分离，如图 7.33 所示。

图 7.32　第 6 帧效果

图 7.33　第 13 帧效果

8）在第 6 帧创建形状补间动画，使得图形转变为字母，在第 25 帧处插入关键帧，在此帧上添加停止动作。

9）在库中右击“movie”元件，在弹出的快捷菜单中选择“直接复制”命令，将新生成的元件重命名为“music”，进入“music”元件的编辑状态。将第 13 帧的字母改成“MUSIC”，继续分离两次，如图 7.34 所示。将该帧复制到第 25 帧。

10）同理，在库中右击“movie”元件，在弹出的快捷菜单中选择“直接复制”命令，将新生成的元件重命名为“sport”，进入“sport”元件的编辑状态，将第 13 帧的字母改为“SPORT”，将该帧复制到第 25 帧，如图 7.35 所示。

图 7.34　改变字母（一）

图 7.35　改变字母（二）

11）新建名称为“moviean”的按钮元件，在“指针经过”状态插入关键帧，将“movie”影片剪辑元件拖到舞台中心位置，如图 7.36 所示。

12）在“按下”状态插入帧。在“点击”状态插入关键帧，在库中双击元件“movie”，进入其编辑状态。

13）选中同心圆的外圆，按 Ctrl+C 组合键复制该圆。回到“moviean”按钮的编辑状态，在“点击”状态下，将前面所复制的圆粘贴到舞台中心位置，并在内部填充橙色，如图 7.37 所示。

图 7.36　指针经过的影片剪辑

14）在库中右击“moviean”按钮元件，在弹出的快捷菜单中选择“直接复制”，将新按钮命名为“musican”，在新按钮的“指针经过”状态，删除原有的影片剪辑元件，

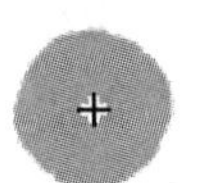

图 7.37　圆形元件

将影片剪辑元件“musican”拖到舞台中央，其余状态不变。

15）按照上述方法，复制新按钮“sportan”，在“指针经过”状态将舞台中心影片剪辑元件重命名为“sport”。

16）回到主场景，将素材“6.3.4a.jpg”拖到舞台，并使其居中对齐，在第 30 帧处插入帧。

17）新建图层 2，在第 10 帧处插入关键帧，将新建的图形元件“圆形”拖到舞台的左上方，如图 7.38 所示。

18）新建图层 3，在第 15 帧处插入关键帧，将圆形复制到该帧相同位置，并创建补间动画，在第 20 帧处插入关键帧，将圆形垂直向下移动到如图 7.39 所示的位置。

19）新建图层 4，在该图层的第 25 帧处插入关键帧，将图层 3 的第 20 帧复制到该帧上，并创建形状补间动画。在第 30 帧处插入关键帧，将圆形垂直向下移动到如图 7.40 所示的位置。

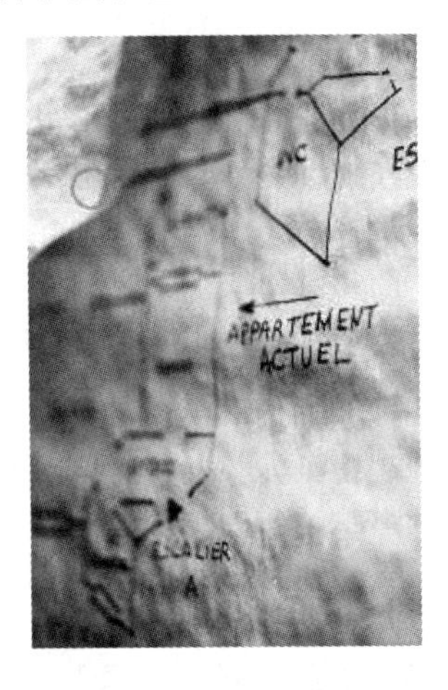

图 7.38　图层 2 上的圆形

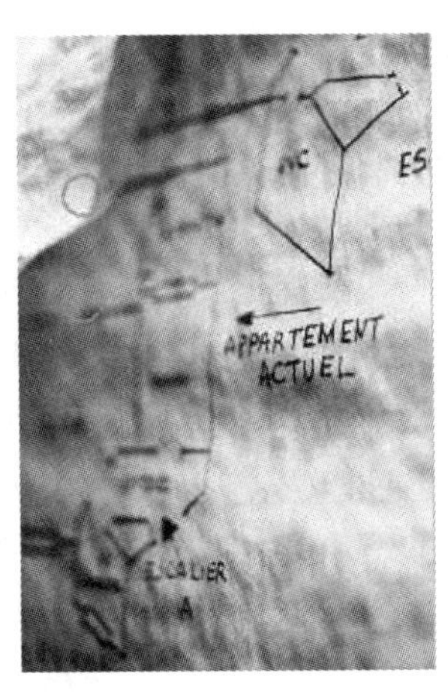

图 7.39　图层 3 上的圆形

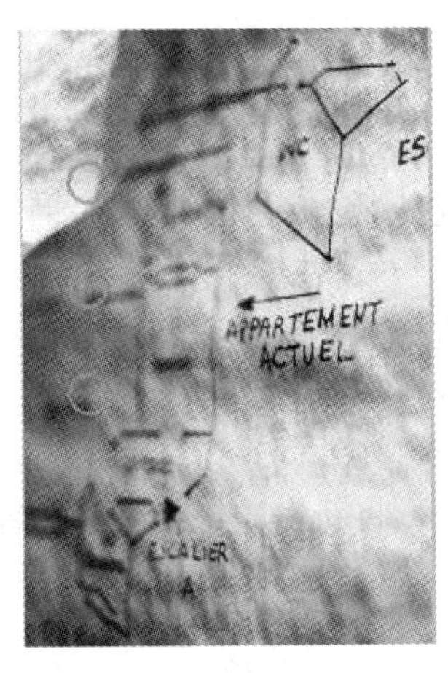

图 7.40　图层 4 上的圆形

20）新建图层 5，在第 30 帧处插入关键帧，从库中将 3 个按钮元件拖到舞台上，使其与 3 个圆形重合。

21）在最后一帧上添加停止动作。

22）按 Ctrl+Enter 组合键测试动画效果，并以文件名“菜单式按钮.fla”保存。

单元 8　ActionScript 语言

知识解读

1. 认识 ActionScript 语言

ActionScript 语言是一种基于 Flash、Flex 等多种开发环境、面向对象编程的脚本语言，主要用于控制 Flash 影片播放、为 Flash 影片添加各种特效、实现用户与影片的交互和开发各种网络应用的动画程序等。

最初在 Flash 中引入 ActionScript 语言，目的是实现对 Flash 影片的播放控制。而 ActionScript 语言发展到今天，其已经广泛应用到很多领域，能够实现丰富的应用功能。ActionScript 语言能够与创作工具 Flash CS5 结合，创建各种不同的应用特效，实现丰富多彩的动画效果，使 Flash 创建的动画更加人性化，更具有弹性效果。

2. 面向对象程序

面向对象编程（object oriented programming，OOP）即面向对象程序设计，是一种计算机编程架构。

程序（program）是为实现特定目标或者解决特定问题而用计算机语言编写的命令序列的集合。其可以是一些高级程序语言开发出来的可以运行的可执行文件，也可以是一些应用软件制作出的可执行文件，如 Flash 编译之后的 SWF 文件。

编程是指为了实现某种目的或需求，使用各种不同的程序语言进行设计，编写能够实现这些需求的可执行文件。

3. ActionScript 代码的写入方法

在 Flash CS5 中有两种写入 ActionScript 代码的方法：一种是在时间轴的关键帧中加入 ActionScript 代码；另一种是在外部写出几个单独的 ActionScript 类文件，然后绑定或者导入 FLA 文件中。

4. 使用“动作-帧”面板

“动作-帧”面板是用于编辑 ActionScript 代码的工作环境，可以将脚本代码直接嵌入 FLA 文件中。“动作-帧”面板由 3 个窗格构成：“动作”工具箱（按类别对 ActionScript

元素进行分组)、脚本导航器（快速地在 Flash 文档中的脚本间导航）和“脚本”窗格（可以在其中输入 ActionScript 代码），如图 8.1 所示。

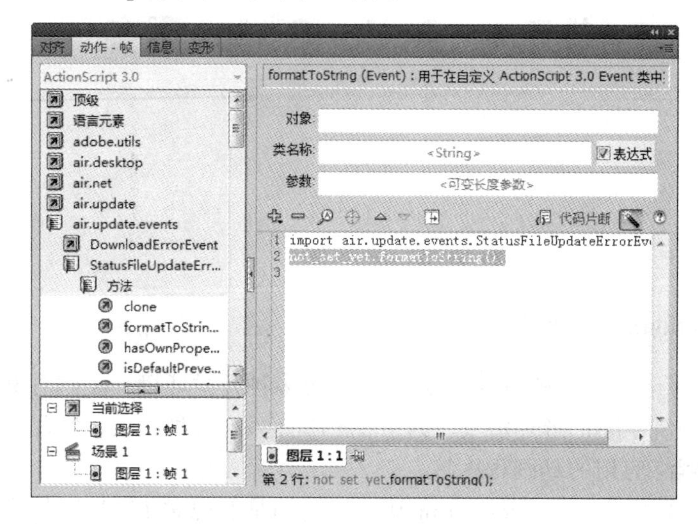

图 8.1 “动作-帧”面板

在“动作-帧”面板的“脚本”窗格中输入脚本代码后，执行“调试”→“调试影片”→“测试”命令，会弹出 Flash Player 播放器，在“编译器错误”面板中会显示错误报告，如图 8.2 所示。

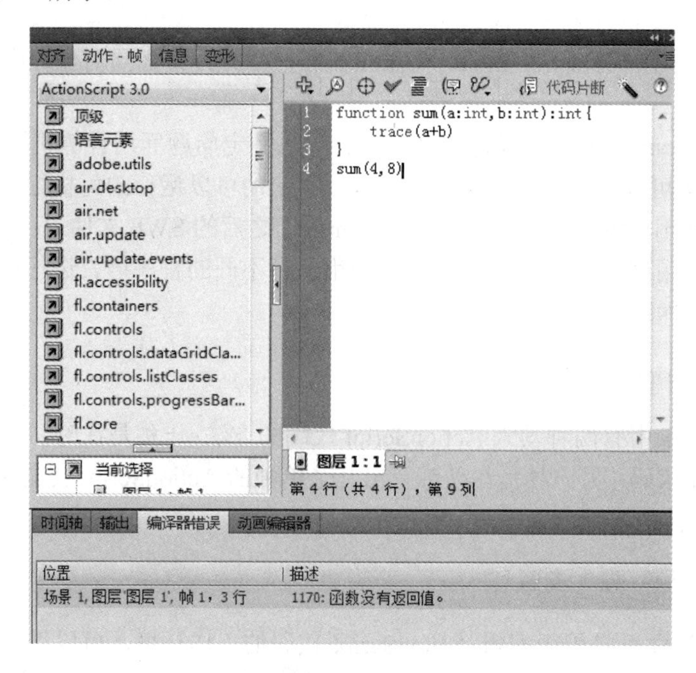

图 8.2 测试影片

5. trace()函数

1）格式：trace()。

2）功能：可以在 Flash 的“输出”面板中输出变量的值或特定字符的内容。

3）说明：对于 trace()函数，如果括号内是一个变量，那么在“输出”面板中输出的是变量的值；如果需要输出特定字符的内容，则必须将这些特定的字符放在双引号中。

案例 8.1 使用停止与播放语句——stop 和 play 实现下拉菜单

设计效果

设计制作可上下滑动的菜单，如图 8.3 所示。

图 8.3　下拉菜单效果图

设计思路

1）利用绘图工具、文本工具绘制按钮。

2）制作菜单滑动动画。

3）为按钮添加动作。

设计步骤

1）创建一个新的 Flash 文档，设置舞台大小为 550×400 像素，背景色为白色，将素材“a.jpg”导入库中。

2）按 Ctrl+F8 组合键创建一个名称为“LINK”的按钮元件。

3）使用椭圆工具和文本工具，在“弹起”帧中绘制出如图 8.4 所示的图形。

4）在“点击”帧处插入关键帧，在原有图形区域绘制一个矩形，如图 8.5 所示。

5）按 Ctrl+F8 组合键新建一个名称为“SINA”的按钮元件。

6）使用文本工具，在“弹起”帧中输入静态文本“SINA”，颜色为深绿色，在“指针经过”帧中调整文本颜色为黄色，如图 8.6 所示。

7）参照“SINA”按钮元件的制作方法，制作“BAIDU”“SOHU”两个按钮元件。

8）按 Ctrl+F8 组合键新建一个名称为“menu”的图形元件。

图 8.4　绘制“LINK”按钮

图 8.5　绘制一个矩形

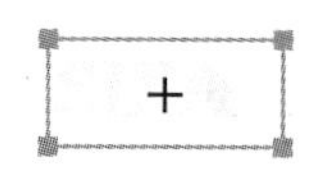

图 8.6　黄色文本

9）将“LINK”按钮元件拖入元件中。使用矩形工具和选择工具绘制如图 8.7 所示的图形。

10）将“SINA”“BAIDU”“SOHU”按钮移至图形内并调整它们的位置，如图 8.8 所示。

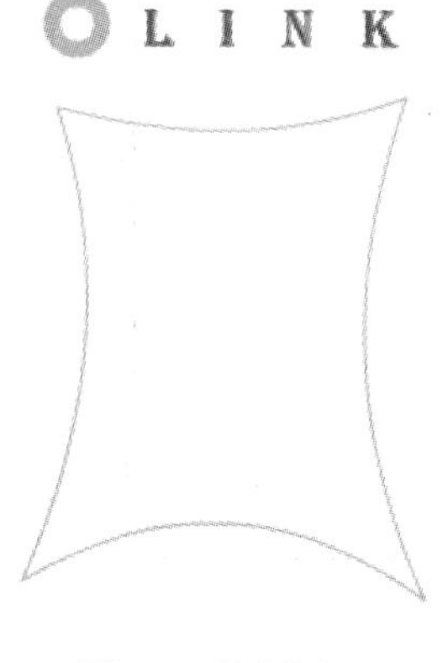

图 8.7　绘制图形

图 8.8　调整按钮的位置

11）选中“LINK”按钮元件，展开动作面板，添加如下动作：

```
On(release){
    with(menu1){
    play(){
}
    //影片剪辑“menu1”开始播放
```

12）创建一个名称为“menu1”的影片剪辑元件。

13）将图形元件“menu1”拖入该元件中，制作先上移再下移的补间动画，分别选择第 1、10 帧，添加 stop()语句，如图 8.9 所示。

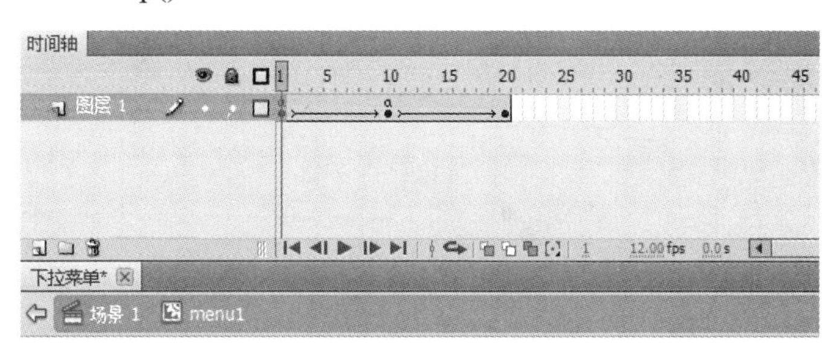

图 8.9　时间轴

14）返回主场景，将素材“a.jpg”拖入主场景并使其相对于舞台中心对齐。

15）将影片剪辑元件“menu1”拖入主场景的右下角，如图 8.10 所示。

16）按 Ctrl+Enter 组合键测试动画效果，并保存文档。

图 8.10　将“menu1”元件拖入主场景

案例 8.2　掷 骰 子

设计效果

制作掷骰子动画，屏幕上显示不断滚动的骰子点数，单击“stop”按钮后，点数停止滚动，单击“again”按钮后，点数又继续滚动，如图 8.11 所示。

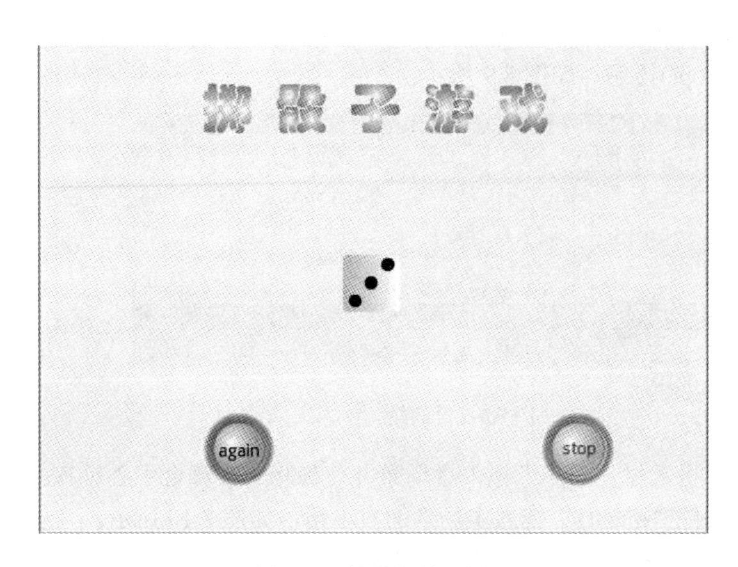

图 8.11　掷骰子效果图

设计思路

1）利用文本工具和“颜色”面板制作标题文本。

2）利用矩形工具和刷子工具绘制骰子并制作逐帧动画。

3）制作按钮并为按钮添加语句 play()和 stop()来实现功能。

设计步骤

Step1 制作标题文本。

1）创建一个新的 Flash 文档，设置舞台大小为 550×400 像素，背景色为淡蓝色。

2）选择文本工具，在其“属性”面板中设置字体为华文琥珀，颜色为蓝色，字体大小为 43，在场景中输入静态文本“掷骰子游戏”。

3）在菜单栏中选择“修改”→“分离”命令，执行两次后打散文本，使其变成矢量图形。

4）在菜单栏中选择“窗口”→“颜色”命令，打开“颜色”面板。

5）以白蓝径向渐变填充文字，如图 8.12 所示。

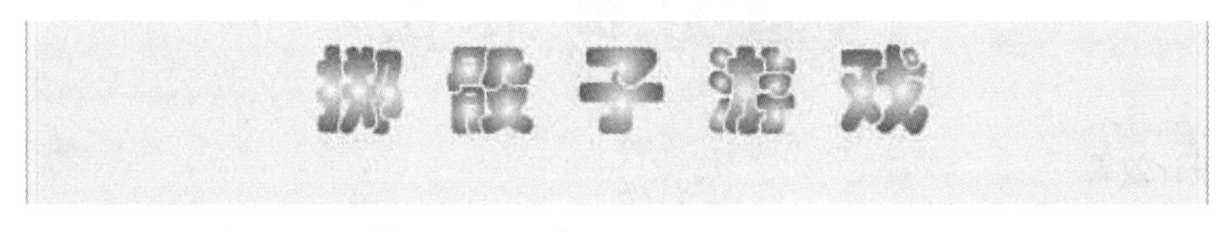

图 8.12　渐变填充文字

Step2 绘制骰子，制作逐帧动画。

单击“时间轴”窗口右下角的“新建图层”按钮，添加新图层。

1）选择矩形工具，在其“属性”面板的“矩形选项”选项组中设置矩形边角半径为 5，将矩形笔触颜色设置为无，填充颜色设置为由灰色到白色线性渐变。在场景中绘制一个带倒角的矩形。

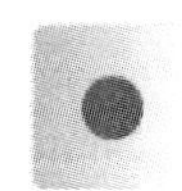

图 8.13 点数 1

2）使用刷子工具在矩形中央绘制“点数 1”图形，如图 8.13 所示。

3）按 F6 键插入 5 个关键帧，分别绘制其余的 5 个点数图形，如图 8.14 所示。

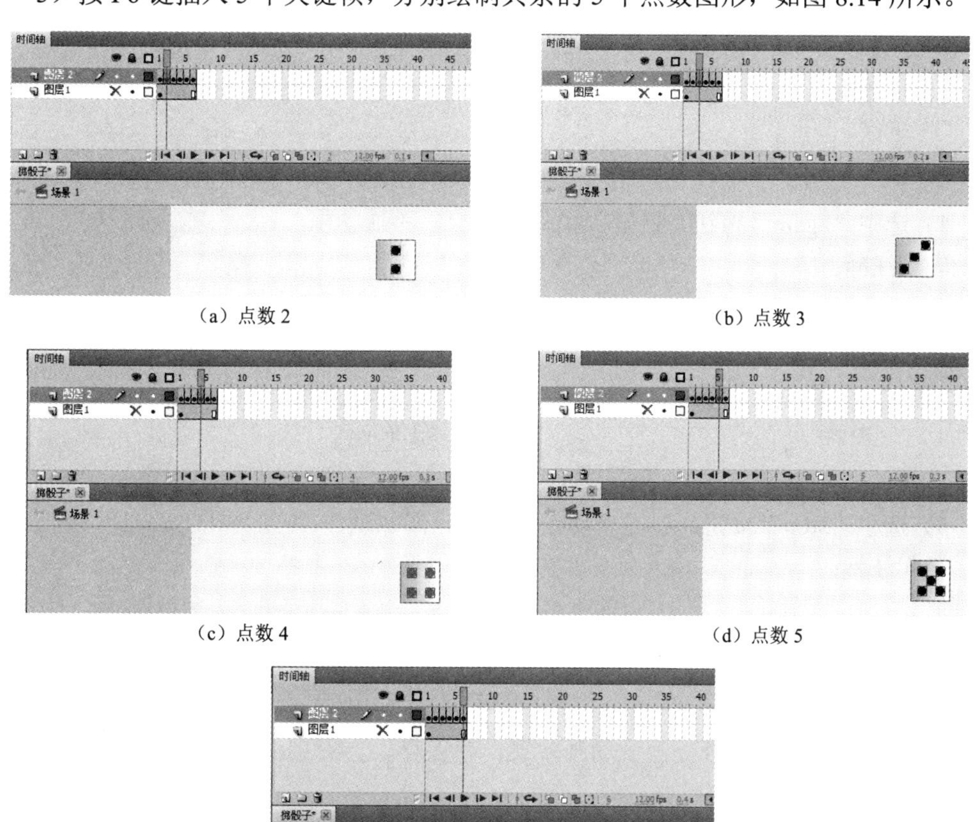

（a）点数 2

（b）点数 3

（c）点数 4

（d）点数 5

（e）点数 6

图 8.14 绘制各点数图形

Step3 制作按钮并通过添加代码来实现功能。

1）选择图层 1 的第 1 帧。

2）在菜单栏中选择“窗口”→“公用库”→“按钮”命令，打开“库-Buttons.fla”面板，从“button bubble 2”文件夹中选择“bubble 2 blue”选项和“bubble 2 green”选项，将它们拖动舞台下方。

3）分别双击主场景中的元件，进入其编辑状态；将按钮上的文本分别修改为“again”和“stop”，如图 8.15 所示。

图 8.15　修改按钮上的文本

4）选中“again”按钮，展开“动作”面板，添加动作。

语句注释：

```
On(press){
 //on(mouseEvent){}是事件处理函数，mouseEvent 为事件触发器，当发生此事件时，执行大括号中的语句。这里的 press 表示当鼠标经过按钮并按下鼠标时将触发该动作
    play()                    //播放时间轴上的动画
}
```

5）选中“stop”按钮，展开“动作”面板，添加动作。

语句注释：

```
On(press){
    stop()
}                             //鼠标按下，停止播放时间轴上的动画
```

6）按 Ctrl+Enter 组合键测试动画效果，并保存。

案例 8.3　逐渐显现的背景图片

设计效果

制作逐渐显现的背景图片动画，随着鼠标的移动，黑色前景逐渐消失，背景图片逐渐显现，如图 8.16 所示。

图 8.16　逐渐显现的背景图片效果图

设计思路

1）新建影片剪辑元件，制作黑色小方块逐渐消失的动画。

2）添加代码实现效果。

3）利用时间轴特效制作黑色前景。

设计步骤

1）创建一个新的 Flash 文档，设置舞台大小为 450×250 像素，背景色为白色，将素材导入库中。

2）按 Ctrl+F8 组合键创建一个名称为“square”的影片剪辑元件，进入其编辑状态，使用矩形工具和颜料桶工具绘制一个宽和高均为 50 像素的黑色矩形。

3）按 F8 键将矩形转换成名为“square2”的按钮元件。

4）在第 10 帧处按 F6 键插入关键帧，将该按钮元件的 Alpha 值调为 0%并创建补间动画。

5）选择第 1、10 帧，如图 8.17 所示，添加 stop()语句，停止播放动画。

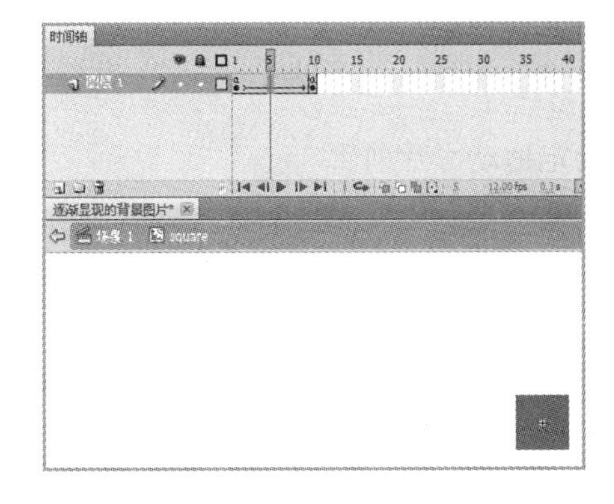

图 8.17　选择第 1、10 帧

6）回到第 1 帧，选中场景中的按钮元件实例，添加如下动作。

```
on (rollover)  {
    play();
}
```

7）返回主场景，将“背景图”拖至舞台，使用“对齐”面板使其相对于舞台中心对齐。

8）将“square”影片剪辑元件拖至舞台，创建它的一个实例，使用“对齐”面板使其相对于舞台左上对齐。

9）按 Ctrl+Enter 组合键测试动画效果，并保存文档。

案例 8.4 贪吃女孩

设计效果

制作贪吃女孩动画，效果如图 8.18 所示。

图 8.18 贪吃女孩效果图

设计思路

1）用 startDrag 命令设定拖动影片剪辑。

2）用 hide 命令隐藏鼠标。

设计步骤

1）创建一个新的 Flash 文档。

2）按 Ctrl+F8 组合键创建一个名称为“food”的影片剪辑元件。其中只有一帧，是一块巧克力的图形，如图 8.19 所示。

图 8.19 “food”影片剪辑元件

3）按 Ctrl+F8 组合键创建一个名称为“girl”的图形元件，如图 8.20 所示。

4）按 Ctrl+F8 组合键创建一个名称为“sadgirl”的图形元件，如图 8.21 所示。

图 8.20 “girl”图形元件

图 8.21 “sadgirl”图形元件

5）按 Ctrl+F8 组合键创建一个名称为“B-girl”的按钮元件。在“弹起”帧将图形元件“sadgirl”拖入，使其位置居中。在“指针经过”帧按 F6 键插入关键帧，然后选择女孩图形，在“属性”面板中单击“交换”按钮，在弹出的“交换元件”对话框中选择“girl”选项（图 8.22），单击“确定”按钮，则“指针经过”帧的图像就变成“girl”图形元件，且位置保持不变。

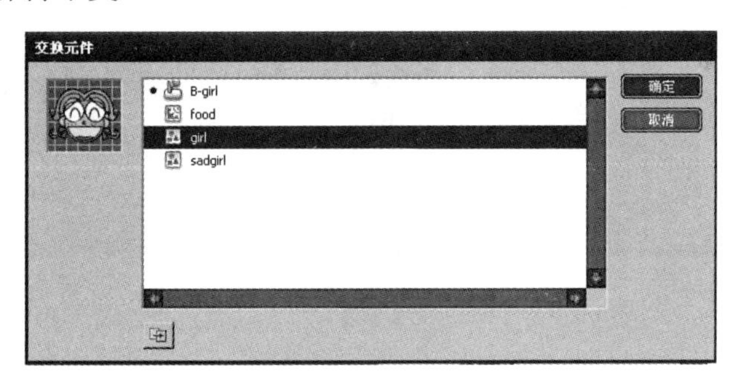

图 8.22 交换元件

6）在“点击”帧按 F6 键插入关键帧，然后按 Ctrl+B 组合键进行分离，将除了大嘴巴之外的图像全部删除，只留下嘴巴区域作为鼠标感应的区域，如图 8.23 所示。

7）按 Ctrl+E 组合键返回场景 1，将按钮元件“B-girl”拖入舞台中间，然后将影片剪辑元件“food”拖入舞台任意位置，在“属性”面板中定义影片剪辑实例名为“a”。

图 8.23 “点击”帧

8）打开“动作”面板，为影片剪辑实例 a 加入语句：

```
onClipEvent(load){
   Mouse.hide();
}
```

选择第 1 帧，在“动作”面板中加入以下语句：

```
startDrag("a",true);
```

9）按 Ctrl+Enter 组合键测试动画效果。这时候，鼠标指针被一块巧克力代替，可以随意拖动它，拖到女孩嘴巴的位置时，女孩的嘴巴张开。

案例 8.5 飞镖瞄准

设计效果

本案例是一个鼠标应用的例子，在舞台上拖动影片剪辑，然后根据它的位置做出不同的反应，如图 8.24 所示。

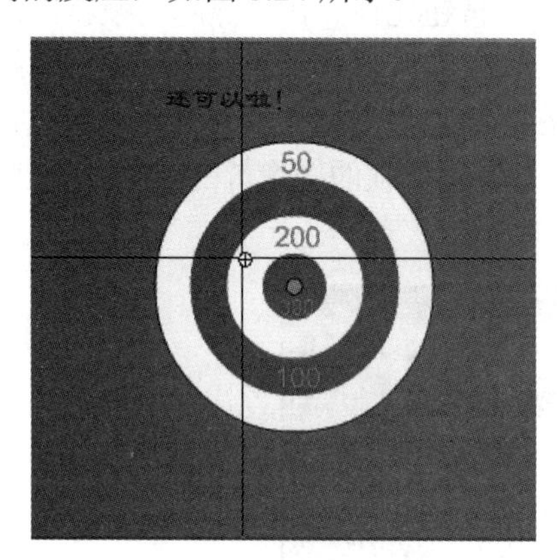

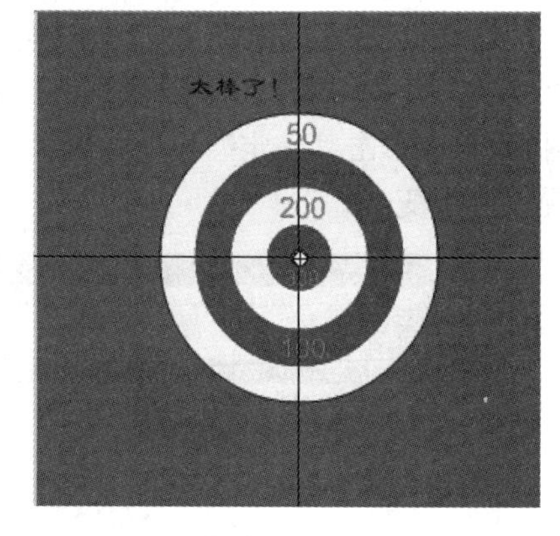

图 8.24 飞镖瞄准效果图

设计思路

用 startDrag 命令设定拖动影片剪辑。

设计步骤

1）创建一个新的 Flash 文档。

2）创建 5 个按钮元件（即按钮元件 50、按钮元件 100、按钮元件 200、按钮元件 300 及按钮元件 center）分别为圆形靶子的各圈。其中，center 是一个很小的红色圆，表示靶心。按钮元件 50（图 8.25）和按钮元件 200（图 8.27）为黄色，按钮元件 100（图 8.26）和按钮元件 300（图 8.28）为蓝色。在每个按钮的“按下”帧增加文字说明。

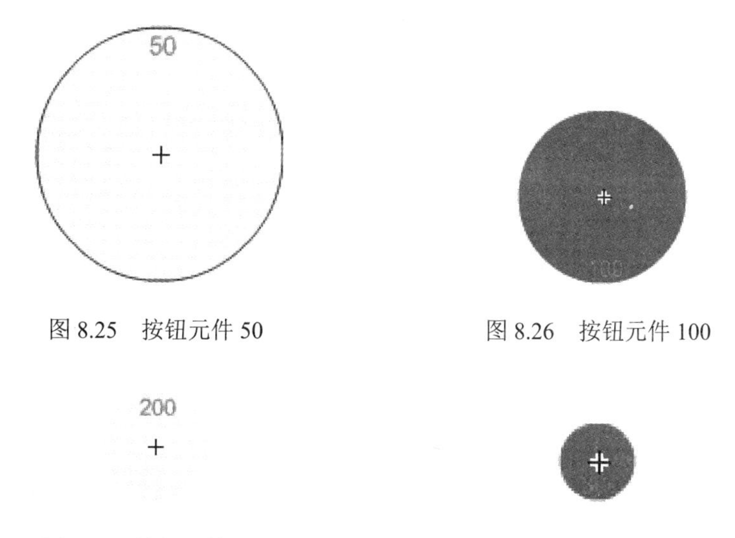

图 8.25　按钮元件 50　　图 8.26　按钮元件 100

图 8.27　按钮元件 200　　图 8.28　按钮元件 300

3）创建一个影片剪辑元件“cross”，绘制两条交叉的直线，如图 8.29 所示。

4）返回场景 1，将图层 1 重命名为“button”，从库中将 5 个按钮元件分别拖入，放在如图 8.30 所示的位置。最大的圆放在最下方，位置居中于舞台；最小的圆放在大圆的中间，形成镖靶。

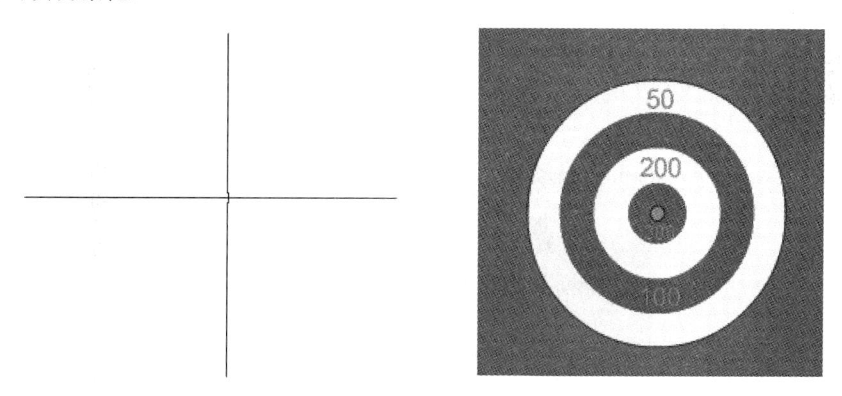

图 8.29　影片剪辑元件“cross”　　图 8.30　加入按钮

5）新建图层 crossline，将影片剪辑元件“cross”拖入舞台（图 8.31），并在“属性”面板中定义实例名为“a”。然后选择第 1 帧，打开“动作”面板，在脚本窗格中加入如下语句：

```
startDrag("a",true);
```

6）新建图层 mask，使用椭圆工具绘制一个圆，颜色任意，大小和圆靶的大小相同（刚好能全部遮住圆形靶子，见图 8.32）。在该图层上右击，在弹出的快捷菜单中选择“遮罩层”命令。这样，运行时只有圆形内的十字交叉线能够显示出来。

7）按 Ctrl+Enter 组合键测试动画效果，并保存文档。

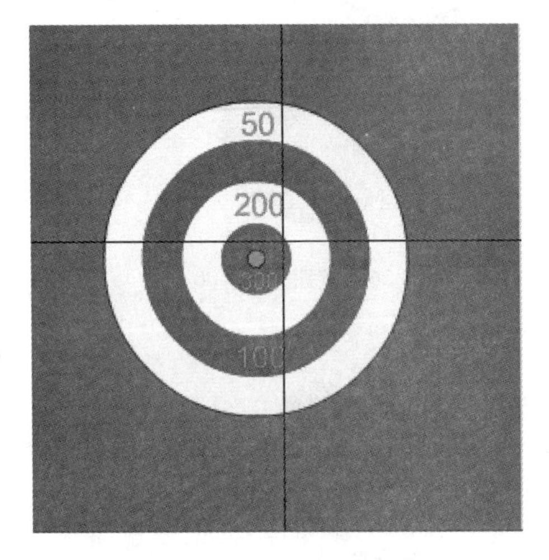

图 8.31　加入瞄准器

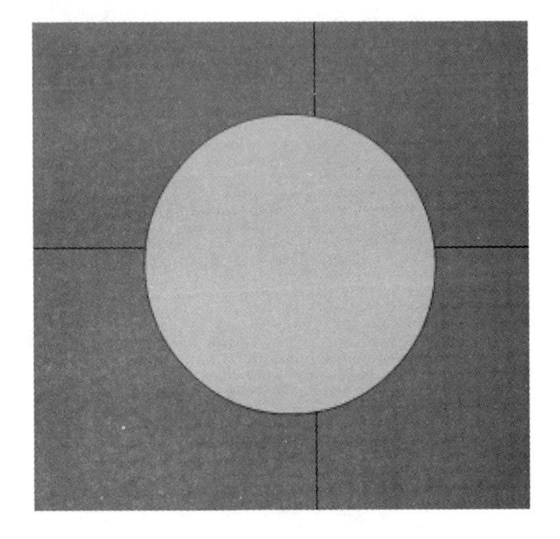

图 8.32　绘制圆形遮罩

案例 8.6　布　告　栏

设计效果

制作如图 8.33 所示的布告栏动画。

图 8.33　布告栏效果图

设计思路

1）使用 startDrag 和 stopDrag 语句控制按钮，并制作出拖拽动画元件或影片特效。

2）制作浮动窗口按钮，加入说明文字，为浮动窗口按钮加入 Actions 语句。

设计步骤

Step1 制作悬浮窗口按钮。

1）创建一个新的 Flash 文档。

2）按 Ctrl+F8 组合键，新建图形元件，命名为“board”，如图 8.34 所示。

3）按 Ctrl+F8 组合键，新建影片剪辑元件，命名为“girl”，这是一个关于女孩的动画，如图 8.35 所示。

4）按 Ctrl+F8 组合键，新建按钮元件，命名为“window”。在“弹起”帧将“board”元件拖入，然后将“girl”元件放到布告栏上，如图 8.36 所示。

5）单击图层 1 的“点击”帧，按 F5 键插入帧，如图 8.37 所示。

图 8.34　“board”元件

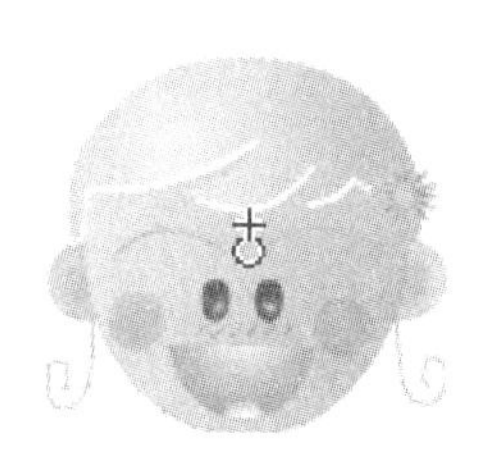

图 8.35　“girl”元件

图 8.36　“window”元件

图 8.37　时间轴

Step2 为浮动窗口按钮加入 Actions 语句。

1）按 Ctrl+E 组合键返回场景 1，从“库”面板中将按钮元件“window”拖入舞台中。

2）将舞台中的按钮选中，在“属性”面板中定义实例名为“a”，如图 8.38 所示。

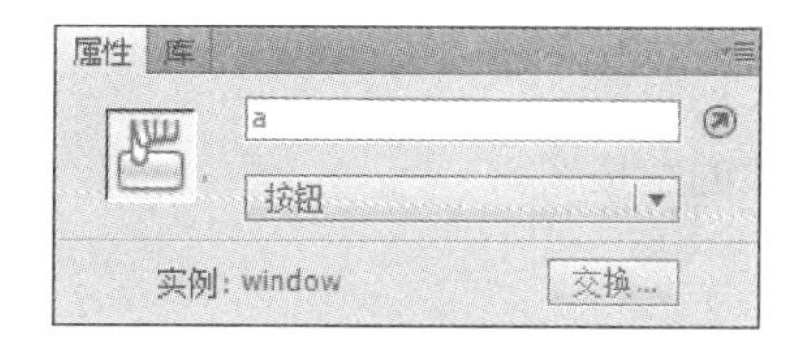

图 8.38　为按钮定义实例名

3）按 F9 键打开“动作”面板，在“动作”面板中为按钮加入 ActionScript 语句：

```
On(press){
    startDrag("a",true);
}
//光标移到浮动窗口上时，按住鼠标左键不放，就可以拖动这个浮动窗口
On(release){
    stopDrag();
}
//当放开鼠标时，停止拖动的动作
```

4）按 Ctrl+Enter 组合键测试动画效果，试着拖动浮动窗口查看效果。

案例 8.7 问 候 卡

设计效果

制作一张问候朋友的卡片（图 8.39），在卡片中用鼠标点击一下，就会出现白色的小星星，单击右下角的按钮又可以恢复原来的样子。

图 8.39　问候卡效果图

设计思路

1）将鼠标追踪时间加入动画影片。

2）制作只有“点击”帧的空按钮。

设计步骤

1）创建一个新的 Flash 文档。双击图层 1，将其重命名为“背景”。

2）按 Ctrl+F8 组合键，新建图形元件，命名为“bg”，如图 8.40 所示。

图 8.40 “bg”图形元件

3）按 Ctrl+F8 组合键，新建按钮元件，命名为“hit”。

单击时间轴上的“点击”帧，按 F6 键插入一个关键帧。使用矩形工具绘制一个方框。

提示：因为这一个按钮只用来感应鼠标的点击，所以只是在“点击”帧上绘制出感应范畴的图形，而让“弹起”帧、“指针经过”帧和“按下”帧为空白帧。

4）按 Ctrl+F8 组合键，新建图形元件，命名为“star”。使用铅笔工具绘制一个星星形状的图形，绘制完成后用颜料桶工具填充白色，然后将多余线条删除，如图 8.41 所示。

图 8.41 绘制星星形状的图形

5）按 Ctrl+F8 组合键，新建影片剪辑元件，命名为“star-mov”。从“库”面板中将按钮元件“hit”拖到编辑区的中间位置。

选中按钮元件，在“动作”面板中加入以下语句：

```
on (press){
    gotoAndStop(2);
}
```

6）新建图层 2，在第 2 帧处按 F6 键插入一个关键帧，从“库”面板中将图形元件“star”拖到编辑区中，并使其居于编辑区的中间位置。

7）单击“新建图层”按钮，新建图层 3，将第 2 帧删除。

8）单击“新建图层”按钮，新建图层 actions，选中第 1 帧，在“动作”面板中加入以下语句：

```
stop();
```

9）按 Ctrl+F8 组合键，新建图形元件，命名为“text1”。选择文本工具，在编辑区中输入“在天空中点一点，有好东东送给你哟！……”。

10）选取文字，按两次 Ctrl+B 组合键，将文字全部打散。

注意：这样做可将文字分离为图形，以免在其他计算机上运行时没有这种字体。

11）按 Ctrl+F8 组合键，新建图形元件，命名为“text2”。选择文本工具，在编辑区中输入“你在他乡还好吗？”。同样地，需要将文字打散并使其成组。

12）按 Ctrl+F8 组合键，建立影片剪辑元件，命名为“text-mov”。将“text2”元件拖入编辑区，然后在图层 1 的第 40 帧处按 F6 键插入一个关键帧。

13）右击图层 1 中的帧，在弹出的快捷菜单中选择“创建传统补间”命令。在第 15、25 帧处分别按 F6 键插入一个关键帧。

在“属性”面板中分别设置第 1、40 帧中的文字的 Alpha 值为 5%。

14）单击“新建图层”按钮，新建图层 2，将“text1”元件拖入编辑区。

15）单击“新建图层”按钮，新建图层 mask，用矩形工具在编辑区中绘制一个与“text1”元件大小相等的灰色块。将灰色块置于“text2”元件的正下方。

16）单击图层 2 的第 40 帧，按 F6 键插入一个关键帧。右击第 1 帧，在弹出的快捷菜单中选择“创建传统补间”命令。

17）单击图层 2 的第 1 帧，将其中的文字移到灰色块右边，直到第一个字刚好移出灰色方块的右边缘为止；单击第 40 帧，将其中的文字移到灰色块左边，直到最后一个字刚好移出灰色方块的右边缘为止。

18）右击 mask 图层，在弹出的快捷菜单中选择“遮罩层”命令，为图层 2 添加遮罩（图 8.42）。制作跑马灯文字效果。

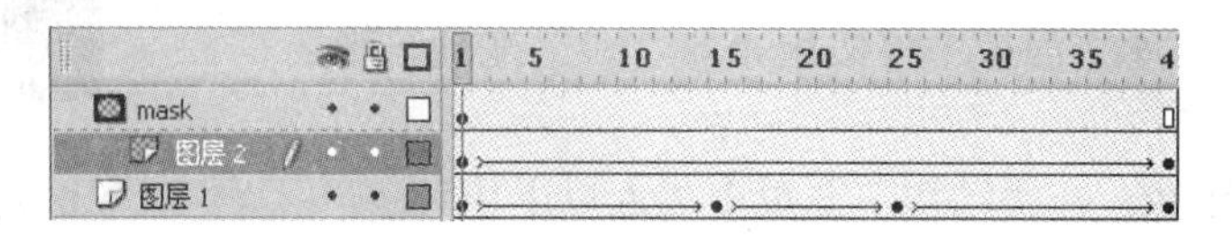

图 8.42　为图层 2 添加遮罩

19）按 Ctrl+E 组合键返回主场景。将图层 1 重命名为“bg”。将图层元件“bg”拖到舞台上，使它和舞台大小相同。

20）在菜单栏中选择“窗口”→“公用库”→“按钮”命令，打开“库-Buttons.fla”面板。

21）在面板中展开 buttons ovals 文件夹，将其中的“oval red”按钮角色拖入舞台，放在右下角。

22）双击此按钮实例，进入“oval red”按钮的编辑状态，对它做一些修改。改变“弹起”帧按钮的颜色（图 8.43）与“按下”帧按钮的颜色（图 8.44），并在“指针经过”帧中加入文字“clear”（图 8.45）。然后将文字旋转，使其与按钮的角度相同。

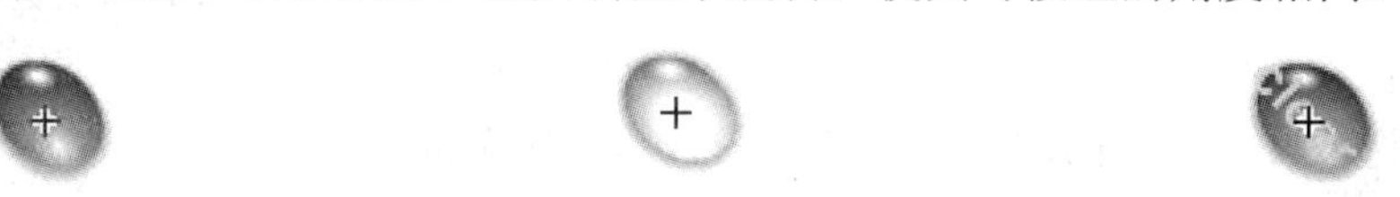

图 8.43　“弹起”帧　　图 8.44　“按下”帧　　图 8.45　“指针经过”帧

23）按 Ctrl+E 组合键返回场景 1。单击按钮将其选中，在“动作”面板中加入以下语句：

```
on(press){
    gotoAndPlay(2);
}
```

24）将“text-mov”元件拖入舞台，如图 8.46 所示。

25）创建新图层 star，拖入多个影片剪辑元件“star-mov”，按照如图 8.47 所示的方式摆放好。

图 8.46　加入背景和按钮

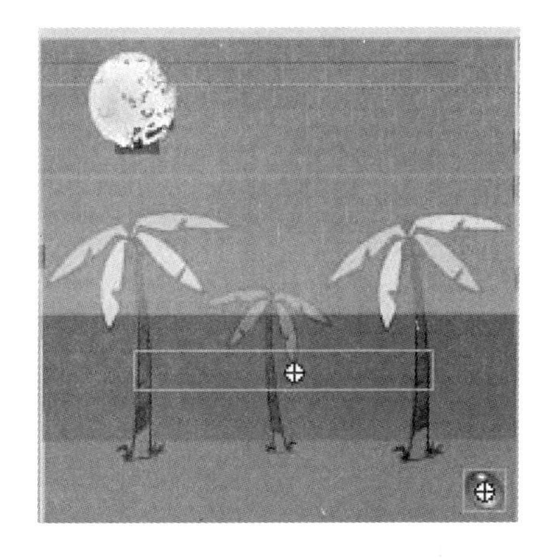

图 8.47　拖入“star-mov”元件

这样，单击这个范围，就可以出现小星星了；而单击右下角的按钮就可以清除画面中的小星星，然后可以继续游戏。

26）新增图层 3，单击第 1 帧，在“动作”面板中加入以下语句：

```
stop();
```

27）选择“bg”图层，在第 2 帧处按 F6 键插入一个关键帧。

28）按 Ctrl+Enter 组合键测试动画效果，并保存文档。

案例 8.8　彩 蝶 纷 飞

设计效果

制作一段美丽的蝴蝶随着鼠标的移动翩翩起舞的动画，如图 8.48 所示。鼠标追踪特效的制作过程简单易学，效果特别好，可用于电子贺卡或 Flash 网页中。

图 8.48 彩蝶纷飞效果图

设计思路

1）让对象沿路径运动。

2）将动画影片加入鼠标追踪事件。

3）制作只有“点击”帧的空按钮。

设计步骤

1）创建一个新的 Flash 文档。在菜单栏中选择“文件”→“导入到库”命令，导入图片“bg.jpg”，如图 8.49 所示。

图 8.49 导入图片“bg.jpg”

2）按 Ctrl+F8 组合键，新建影片剪辑元件，并命名为“butterfly”。在第 1 帧绘制或导入蝴蝶图形（图 8.50），然后在第 3 帧处按 F6 键插入关键帧，修改蝴蝶图形

（图 8.51），在第 5 帧处按 F5 键。

按 Enter 键，就可以看到蝴蝶飞舞的动画。

3）按 Ctrl+F8 组合键，新建按钮元件，并命名为“hit”。在“点击”帧按 F6 键插入一个关键帧，用矩形工具绘制一个矩形，作为鼠标的感应区域（图 8.52）。保持前面 3 帧为空白帧。

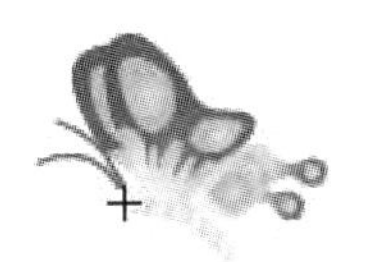

图 8.50　第 1 帧

图 8.51　第 3 帧

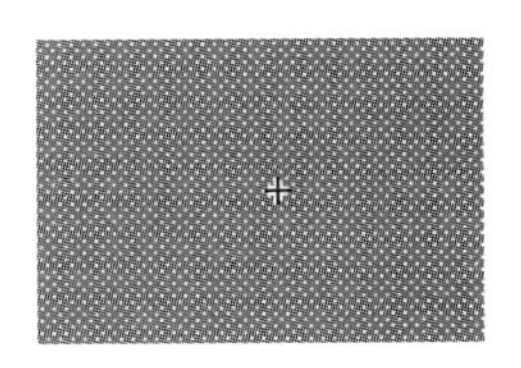

图 8.52　“点击”帧的矩形块

4）按 Ctrl+F8 组合键，新建影片剪辑元件，并命名为“fly”。

5）从“库”面板中将按钮元件“hit”拖入第 1 帧。选中该按钮，在“动作”面板中加入以下语句：

```
on(press,rollOver){
   play():
}
```

在第 2 帧处按 F7 键插入一个关键帧，将影片剪辑元件“butterfly”拖入第 2 帧。

在第 20 帧处按 F6 键插入关键帧，右击第 2 帧，在弹出的快捷菜单中选择“创建传统补间”命令。

6）新建一个图层，右击，在弹出的快捷菜单中选择“添加传统运动引导层”命令，即可添加运动引导层，用铅笔工具在编辑区中绘制蝴蝶飞行的路径。注意，这个路径在按钮元件“hit”范围内（图 8.53）。

7）单击图层 1 的第 2 帧，拖动蝴蝶到路径的左端点，并使其中心与路径端点贴齐（图 8.54）。同样地，将第 20 帧中的蝴蝶拖动到路径的右端点，并使其中心与路径端点贴齐（图 8.55）。

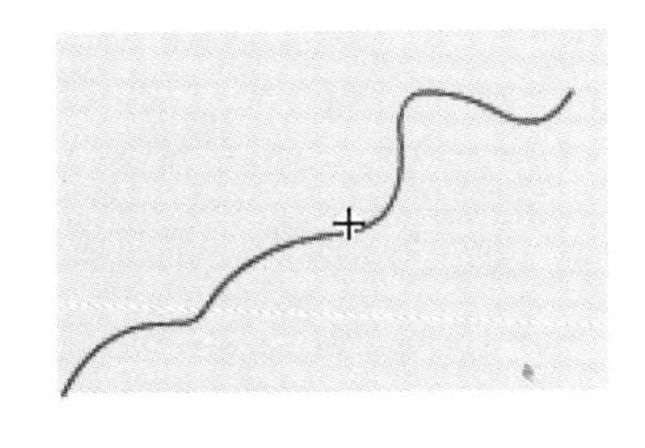

图 8.53　绘制路径

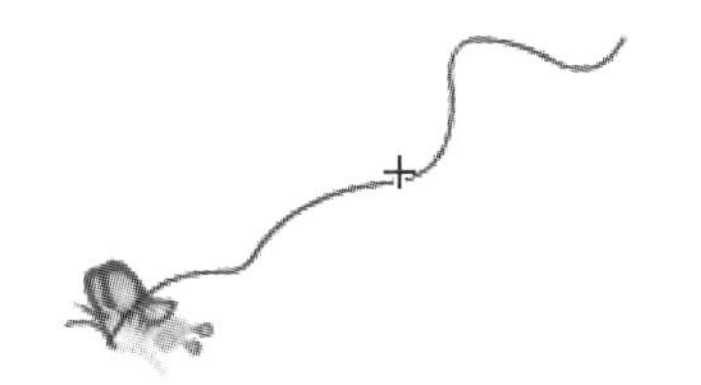

图 8.54　第 2 帧

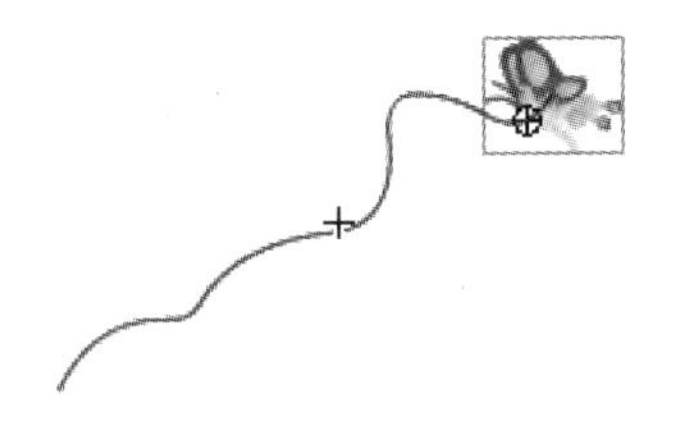

图 8.55　第 20 帧

8）单击图层 1 的第 1 帧，按 F9 键打开“动作”面板。为第 1 帧加入 stop()语句，表示鼠标静止时，画面停在第 1 帧。为第 2 帧加入 gotoAndStop(1)语句，表示将动画播放到第 20 帧时即停止，并回到第 1 帧，如图 8.56 所示。

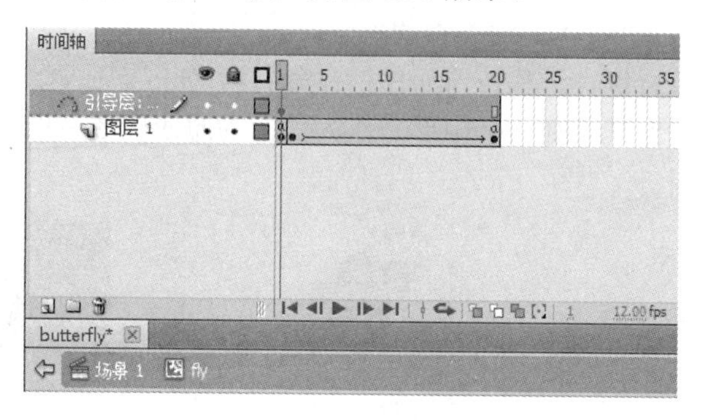

图 8.56　时间轴

9）返回场景 1，从库中将元件“bg”拖入舞台，并设置其大小和舞台一样。

10）建立新图层，将影片剪辑元件“fly”拖入舞台，现在的这个实例就是鼠标跟踪效果的感应区域和小动画的播放区。

多次将“fly”元件拖入舞台，直到将舞台填满，如图 8.57 所示。

图 8.57　加入多个“fly”元件

11）按 Ctrl+Enter 组合键测试动画效果，并保存文档。

案例 8.9　春夏秋冬

设计效果

制作如图 8.58 所示的动画，单击代表着春、夏、秋、冬四季景色的缩略图，便可查看完整的大图片，再次单击大图片又可回到缩略图状态。

图 8.58　春夏秋冬效果图

设计思路

1）制作缩略图并将其转化成按钮元件。

2）为按钮元件添加动作。

3）添加新场景，制作图片展开动画。

4）制作隐藏按钮并添加动作。

设计步骤

1）创建一个新的 Flash 文档，设置舞台大小为 550×400 像素，背景色为白色。将素材“a.jpg”“b.jpg”“c.jpg”“d.jpg”导入库。

2）创建名称为“1”的图形元件。

3）进入元件编辑状态，使用椭圆工具在场景中绘制一个正圆，并以位图“a.jpg”进行填充，如图 8.59 所示。

4）直接复制图形元件“1”3 次，分别取名为“2”“3”“4”。

5）逐个双击进入编辑状态，分别以位图“b.jpg”“c.jpg”“d.jpg”填充正圆，如图 8.60 所示。

6）创建一个名称为“春”的按钮元件。

7）进入元件编辑状态，将图形元件“1”拖至场景。

8）选择“指针经过”帧，插入关键帧。

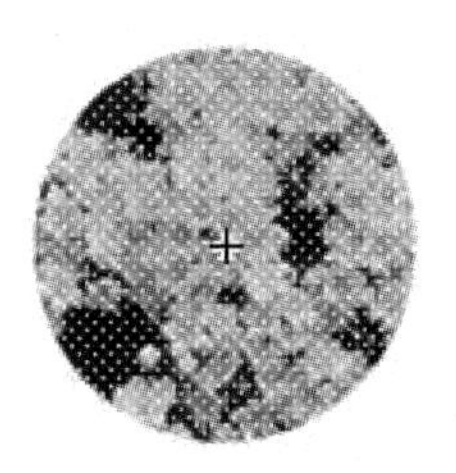

图 8.59　位图填充

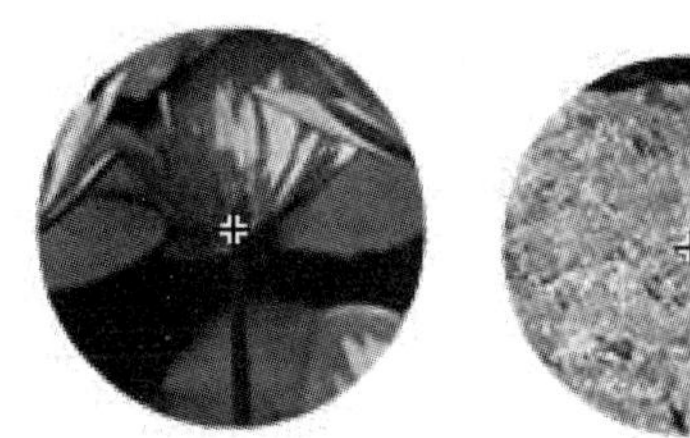

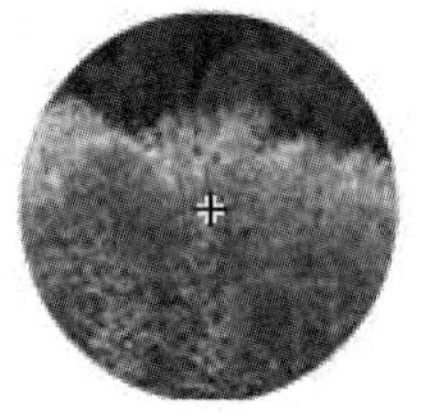

图 8.60　位图填充正圆

9）回到“弹起”帧，选中图形元件，在其“属性”面板中将图形的 Alpha 值设置为 30%。

10）直接复制此按钮元件 3 次，分别命名为“夏”“秋”“冬”。

11）逐个双击进入编辑状态，分别将两帧的图形元件改换成“2”“3”“4”。

12）返回主场景，使用文本工具输入“春”“夏”“秋”“冬”4 个字，并调整它们的位置和旋转角度。

13）从库中分别将按钮元件“春”“夏”“秋”“冬”拖至相应文本下方，如图 8.61 所示。

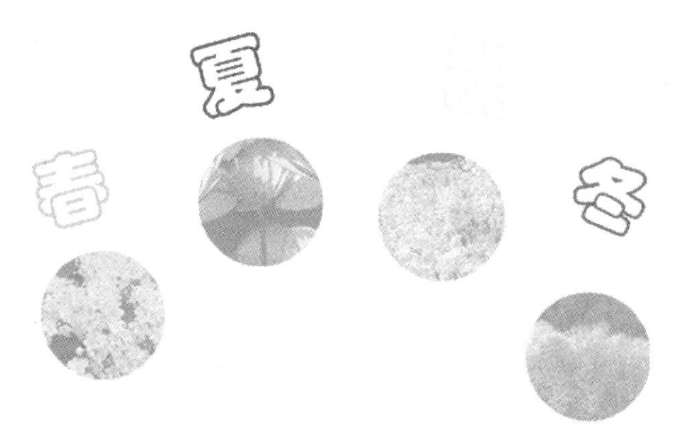

图 8.61　春夏秋冬

14）插入场景 2，分别制作图片由缩略图逐渐展开为完整图片的动画。

15）创建一个名称为“button”的按钮元件。

16）进入编辑状态，在“点击”帧处插入关键帧，根据位图的尺寸绘制一个矩形。

17）回到场景 2，添加新图层。

18）分别在第 10、20、30、40 帧处插入关键帧，展开“动作”面板添加 stop()语句并将按钮元件“button”拖至场景。

19）分别选择各帧的按钮元件实例，添加以下动作。

```
on (press) {
    prevScene();
```

```
}
//按下鼠标，返回上一个场景
```

20）切换到场景 1，依次选择 4 个按钮元件实例，分别添加以下动作。

按钮“春”实例动作：

```
on (press) {
    gotoAndPlay("场景 2",1);
}
//按下鼠标，跳转到场景 2，从第 1 帧开始播放
```

按钮“夏”实例动作：

```
on (press) {
    gotoAndPlay(" 场景 2",11);
}
```

按钮“秋”实例动作：

```
on (press) {
    gotoAndPlay(" 场景 2",21);
}
```

按钮“冬”实例动作：

```
on (press) {
    gotoAndPlay(" 场景 2",31);
}
```

21）按 Ctrl+Enter 组合键测试动画效果，并保存文档。

案例 8.10 图片浏览器

设计效果

制作图片浏览器动画（图 8.62）：在主画面上选择单击要放大显示的图片，就可以出现该图片的放大图，单击第 1 个按钮显示第 1 帧放大的图片；单击第 2 个按钮显示前一幅放大的图片；单击第 3 个按钮回到主画面；单击第 4 个按钮显示下一幅放大的图片；单击最后一个按钮显示最后一幅放大的图片。

图 8.62　图片浏览器效果图

设计思路

1）将图片转换为元件。

2）stop、gotoAndStop、nextFrame、prevFrame 命令的使用。

设计步骤

1）新建文件，设置背景颜色为墨绿色（颜色值为#006531）。

2）在菜单栏中选择“文件”→“导入”→“导入到库”命令，将图形文件“01.jpg”“02.jpg”“03.jpg”“04.jpg”“05.jpg”“06.jpg”“07.jpg”“08.jpg”“09.jpg”导入元件库，并导入声音文件“button.wav”。

3）按 Ctrl+F8 组合键打开“创建新元件”对话框，在“名称”文本框中输入“view1”，在“类型”下拉列表框中选择“按钮”选项，然后单击“确定”按钮，创建一个按钮元件，并进入这个元件的编辑状态。

4）从元件库中将“01.jpg”拖入“弹起”帧，缩小宽度与高度，位置居中，如图 8.63 所示。在“点击”帧按 F6 键插入关键帧，然后在“属性”面板中设置声音为“button.wav”，如图 8.64 所示。

图 8.63　“iew1”按钮元件

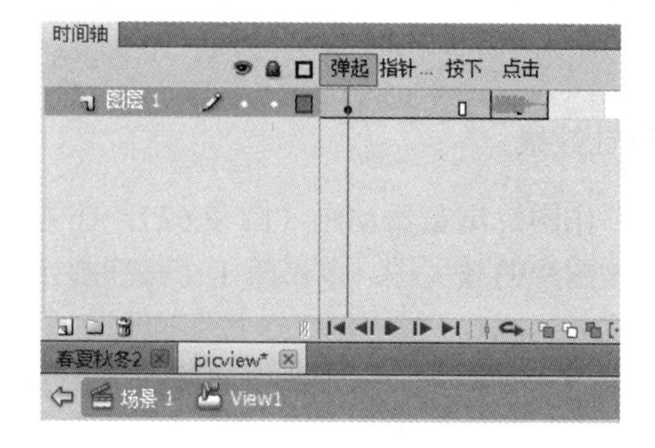

图 8.64　按钮元件的时间轴

5）在元件“view1”上右击，在弹出的快捷菜单中选择“复制”命令，弹出“复制元件”对话框，将复制的元件命名为“view2”。

6）在库中双击“view2”元件进入其编辑状态，选中里面的图形，然后单击“属性”面板中的“交换”按钮，在弹出的“交换位图”对话框中选择“02.jpg”（图 8.65），单击“确定”按钮，即可把“view2”中的图换成“02.jpg”。

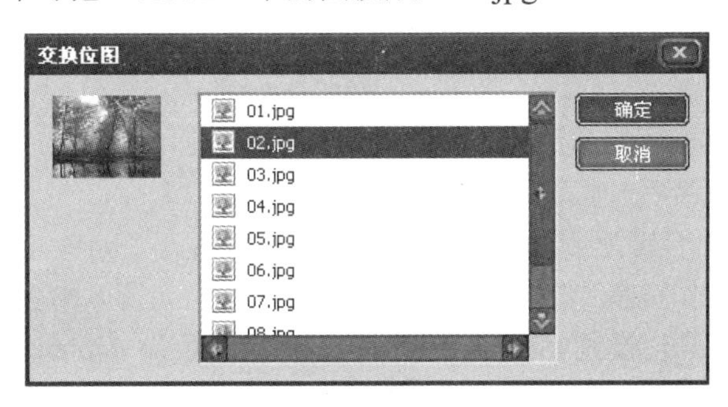

图 8.65　交换位图

7）用同样的方法制作元件“view3”～“view9”，“view3”元件是图形“03.jpg”的按钮……“view9”元件是“09.jpg”的按钮，如图 8.66 所示。

图 8.66　制作图片动画

8）按 Ctrl+F8 组合键创建新影片剪辑元件“movie1”。将“01.jpg”拖入，使其左上角对准十字中心点。然后在第 12 帧处按 F6 键插入关键帧，在“动作”面板中为第 12 帧加入以下语句：

```
stop();
```

9）将第 1 帧的图形缩小，使其大小和“view1”按钮中的大小完全相同，并且注意要保持其左上角对准十字中心点，然后为其设置传统补间动画。

10）同样的方法制作“movie2”～“movie9”，图形分别为“02.jpg”～“09.jpg”，其中，“movie2”中的图形上边的中间对准十字中心点，“movie3”中的图形右上角对准十字中心点，“movie4”中的图形左边的中间对准十字中心点，“movie5”中的图形中间对准十字中心点，“movie6”中的图形右边对准十字中心点，“movie7”中的图形左下角对准十字中心点，“movie8”中的图形下边的中间对准十字中心点，“movie9”中的图形右下角对准十字中心点。

所有影片剪辑第 1 帧的图形大小都相同，与图片按钮的大小一样。最后一帧的图形大小也都相同，并在最后一帧都加入停止语句：stop()。

11）按 Ctrl+E 组合键返回场景 1，将图层 1 重命名为“bg”，用文本工具输入竖排白色文字“雪之舫工作室新年之旅”，放在舞台的右边，如图 8.67 所示。

12）选择矩形工具，设置笔触颜色为绿色，填充颜色为 Alpha 值为 50%的绿色，绘制一个矩形，比舞台稍微小一点儿，放在舞台中间。

13）在第 12 帧处按 F5 键。

14）建立新图层 button，先绘制一个蓝色填充的矩形，大小为能放下 9 个图片按钮。再将“view1”～“view9”分别拖进来，按照从左到右、从上到下的顺序排好。

15）在菜单栏中选择“窗口”→“公用库”→“按钮”，打开“库-Buttons.fla”面板，从中拖入 5 个按钮，放到下方。5 个按钮从左到右分别表示：显示第一幅图片、显示前一幅图片、返回主画面、显示下一幅图片、显示最后一幅图片，如图 8.68 所示。

图 8.67 “bg”层

图 8.68 加入控制按钮

编辑这 5 个控制按钮，在“点击”帧加入按钮声音“button.wav”。

建立新图层 picmovie。

16）在第 4～12 帧处分别按 F7 键建立空白关键帧，然后依次从库中将影片剪辑元件“movie1”拖入第 4 帧，将“movie2”拖入第 5 帧……将“movie9”拖入第 2 帧，并使图片的位置、大小和对应图片的按钮完全相同。

17）加入 ActionScript 语句控制影片。

① 选取图层 picmovie 的第 4 帧，按 F9 键打开“动作”面板，依次在面板左侧列表中选择“动作”→“全局函数”→“时间轴控制”选项，然后双击 stop 命令，加入以下语句：

```
stop();
```

分别为第 5 帧到第 2 帧都加上以下语句：

```
stop();
```

选择 button 图层的第 1 帧，加入以下语句：

```
stop();
```

② 选择 button 图层上的按钮“view1”，加入以下语句：

```
on(release){
    gotoAndStop(4);
}                              //松开鼠标后跳到第 4 帧并停止
```

③ 选择主画面上的按钮“view2”，加入以下语句（只是修改在帧参数中的数值）：

```
on(release){
    gotoAndStop(5);
}                              //松开鼠标后跳到第 5 帧并停止
```

④ 选择主画面上的按钮“view3”，加入以下语句：

```
on(release){
    gotoAndStop(6);
}                              //松开鼠标后跳到第 6 帧并停止
```

⑤ 选择主画面上的按钮“view4”，加入以下语句：

```
on(release){
    gotoAndStop(7);
}                              //松开鼠标后跳到第 7 帧并停止
```

⑥ 选择主画面上的按钮“view5”，加入以下语句：

```
on(release){
    gotoAndStop(8);
}                              //松开鼠标后跳到第 8 帧并停止
```

⑦ 选择主画面上的按钮“view6”，加入以下语句：

```
on(release){
```

```
    gotoAndStop(9);
}                              //松开鼠标后跳到第 9 帧并停止
```

⑧ 选择主画面上的按钮“view7”，加入以下语句：

```
on(release){
    gotoAndStop(10);
}                              //松开鼠标后跳到第 10 帧并停止
```

⑨ 选择主画面上的按钮“view8”，加入以下语句：

```
on(release){
    gotoAndStop(11);
}                              //松开鼠标后跳到第 11 帧并停止
```

⑩ 选择主画面上的按钮“view9”，加入以下语句：

```
on(release){
    gotoAndStop(12);
}                              //松开鼠标后跳到第 12 帧并停止
```

⑪ 选择图层 button 上的按钮，加入以下语句：

```
on(release){
    gotoAndPlay(4);
}                              //松开鼠标后回到第 4 帧
```

⑫ 选择第 2 个按钮，加入以下语句：

```
on(release){
    prevFrame();
}                              //松开鼠标后到达并停在前面一帧
```

⑬ 选择第 3 个按钮，加入以下语句：

```
on(release){
    gotoAndPlay(1);
}                              //松开鼠标后回到第一帧的主画面
```

⑭ 选择第 4 个按钮，加入以下语句：

```
on(release){
    nextFrame();
}                              //松开鼠标后到达并停在后面一帧
```

⑮ 选择最后一个按钮，加入以下语句：

```
on(release){
```

```
    gotoAndPlay(12);
  }             //松开鼠标后到达第 12 帧
```

至此，动画制作完成。完成后的时间轴如图 8.69 所示。

18）按 Ctrl+Enter 组合键测试动画效果，并保存文档。

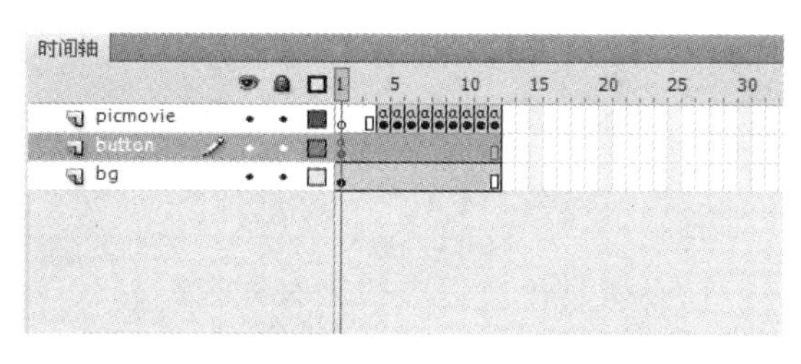

图 8.69　完成后的时间轴

课后拓展

1. 程序的种类

在 Flash 的影片中，ActionScript 分为帧编写的程序和为元件实例（按钮和影片剪辑）编写的程序。

（1）为帧编写的程序

为帧编写的程序是指在图层中输入的 ActionScript 程序码，在每一个图层的每一个关键帧上都可以分别输入程序。要使影片在播放头到达时间轴中的一帧时执行某项动作，应为该帧指定一项动作。“动作”面板的标题显示为“动作-帧”，表示帧加入动作。在帧上输入动作程序码后，相应帧上会显示一个符号“a”。

（2）为元件实例（按钮和影片剪辑）编写的程序

为元件实例（按钮和影片剪辑）编写的程序是指在元件实例上输入的程序码。可以输入程序代码的元件实例类型包括影片剪辑和按钮两种。必须在有事件发生时（如单击该对象），程序才会发生作用。

在单击按钮时要让影片执行某个动作，可为按钮指定动作。为按钮指定动作时，必须将动作嵌套在 on 处理函数中，并指定触发该动作的鼠标或键盘事件。当在标准模式下为按钮指定动作时，会自动插入 on 处理函数，然后可从列表中选择一个事件。

“动作”面板的标题显示为“动作-按钮”，表示为按钮加入动作。

通过为影片剪辑指定动作，可在影片剪辑加载或接收到数据时让影片执行动作。为影片剪辑指定动作时，必须将动作嵌套在 onClipEvent 处理函数中，并指定触发该动作的剪辑事件。在标准模式下为影片剪辑指定动作时，将自动插入 onClipEvent 处理函数，可从列表中选择事件。

在“动作”面板的标题上显现为“动作-影片剪辑”，表示为影片剪辑加入动作。

2. 语法总结：基本的影片控制

在用 Flash 制作动画时，经常会使用一些简单的 Action 指令来对影片进行控制，如让影片开始播放、停止、跳转到下一帧或跳到某一帧开始播放等。表 8.1 列出了一些基本的影片控制指令。

表 8.1　基本的影片控制指令

指令	语法	参数	说明
play	play();		让停止中的帧开始播放
stop	stop();		停止播放影片
nextFrame	nextFrame()		将播放头移到下一帧并停止
prevFrame	prevFrame()		将播放头移到上一帧并停止，如果当前在第一帧，则播放头不移动
gotoAndplay	gotoAndplay (scene,frame)	Scene:将转去播放的场景名称；Frame:将转去播放的帧的编号或标签	将播放头转到场景中指定的帧并从该帧开始播放。如果未指定场景，则转到当前场景中的指定帧
gotoAndStop	gotoAndStop (scene,frame)	同 gotoAndplay 指令	将播放头转到场景中指定的帧并停止播放。如果未指定场景，则转到当前场景中的指定帧

3. 控制按钮的 on 事件函数

事件是指软件在执行的过程中，所可能发生的情况，如启动程序、结束程序、按下鼠标键、松开鼠标键、按下键盘、打开窗口及关闭窗口等。当事件发生时，通过事件处理程序（handler）可以设计回应的内容。例如，当按下鼠标左键时开始播放音乐。事件名称及功能说明如表 8.2 所示。

表 8.2　事件名称及功能说明

事件名称	事件功能说明
press	在鼠标指针经过按钮时按下鼠标按键
release	在鼠标指针经过按钮时释放鼠标按键
releaseOutside	当鼠标指针在按钮之内时，按下按键后，将鼠标指针移到按钮之外，此时释放鼠标按键
rollout	鼠标指针滑出按钮区域
rollover	鼠标指针滑过按钮
dragOut	在鼠标指针滑过按钮时按下鼠标按键，然后滑出此按钮区域
dragOver	在鼠标指针滑过按钮时按下鼠标按键，然后滑出此按钮，再滑回此按钮
kepress(“key”)	按下指定的 key

在 Flash 中，主要由 on 命令来接收用于按钮的相关事件信息。

on 命令指定触发动作的鼠标事件或者按键事件。使用格式如下：

```
On(mouseEvent){
    Statement(s);
}
```

说明：

Statement(s)：发生 mouseEvent 时要执行的指令。

mouseEvent：称为事件的触发器。当发生此事件时，执行事件后面大括号中的语句。可以为 mouseEvent 参数指定表 8.2 所示的任何值。

单元9　实战演练

案例9.1　散步的小人

设计效果

制作一个小人正在悠闲散步的动画，如图9.1所示。

图9.1　散步的小人效果图

设计思路

1）利用绘图工具绘制小人。

2）在连续的关键帧中调整小人的姿态。

3）制作背景图片并制作图片循环向左移动的动画。

设计步骤

1）创建一个新的Flash文档，设置舞台的大小为550×400像素，背景色为白色。将素材“路面房屋.gif”导入库中，或模仿路面房屋自制背景。

2）使用椭圆工具和直线工具在主场景中绘制小人，如图9.2所示。

3）连续插入7个关键帧，利用选择工具和变形工具，调整每帧小人的姿态，如图9.3所示。

图 9.2　绘制小人

图 9.3　绘制走路的小人

4）向后复制 8 帧动画 7 次，使动画连续 56 帧。

5）新建图层 2，将图层 2 拖至图层 1 下方。

6）将素材“路面房屋.gif”拖至场景中，利用“对齐”面板使其相对于舞台对齐。

7）选中背景图片，按 Alt+Shift 组合键水平向右复制一张，并将两张图片拼接在一起。

8）在第 56 帧处插入关键帧，向左移动图片至合适的位置。

9）回到第 1 帧，创建补间动画。

10）按 Ctrl+Enter 组合键测试动画效果，并以文件名“散步的小人.fla”保存。

案例 9.2　夜空场景

设计效果

制作在夜空下的街道上，一个男孩缓缓走过的动画，如图 9.4 所示。

图 9.4　夜空场景效果图

设计思路

1）制作各影片剪辑元件，分类放在各文件夹内。

2）将元件拖入场景即可。

设计步骤

1）创建一个新的 Flash 文档，设置舞台大小为 550×400 像素，背景色为白色。

提示：这个场景的特殊性在于，所有的元件，包括图形和影片剪辑，都是徒手绘制出来的，因此随意性比较大，可以根据自己的想象来设计道具。

2）新建 3 个图形元件，分别命名为“house1”“house2”“house3”，使用矩形工具绘制如图 9.5 所示的房屋，窗户填充黄色，房屋填充黑色。

图 9.5　绘制各种房屋

3）新建一个名称为“deng”的影片剪辑元件，进入该元件的编辑状态。使用直线工具和选择工具绘制路灯的基本形状，使用椭圆工具绘制路灯的底座，填充颜色均为黑色，如图 9.6 所示。

4）新建图层 2，使用椭圆工具绘制一个椭圆作为灯光，填充颜色设为由黄色到透明色的径向渐变。在第 8、15 帧处插入关键帧，在第 8 帧处放大椭圆，创建补间动画。

5）新建一个名称为“moon1”的影片剪辑元件，进入元件的编辑状态。使用椭圆工具绘制月亮的形状，填充颜色为黄色，如图 9.7 所示。

6）再新建几个图层，分别使用刷子工具绘制月亮的眼睛、嘴巴和帽子，如图 9.8 所示。

7）在第 6、12 帧处插入关键帧，将第 6 帧的眼睛修改成睁眼效果，如图 9.9 所示。

图 9.6 绘制路灯

图 9.7 绘制月亮

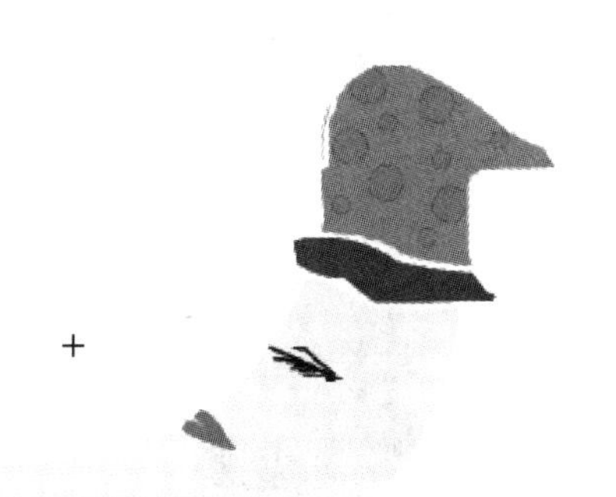

图 9.8 绘制月亮的眼睛、嘴巴和帽子

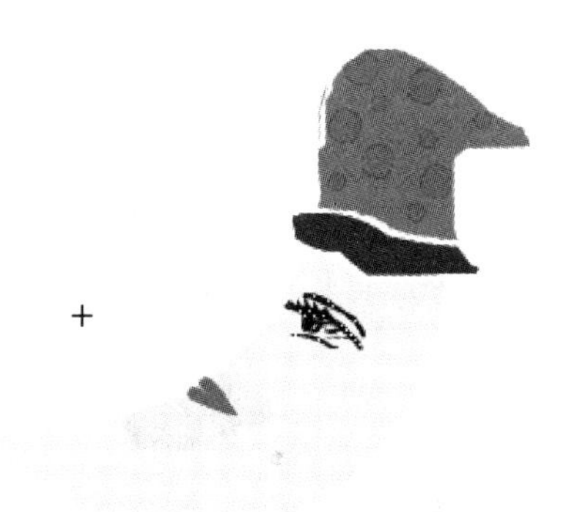

图 9.9 制作睁眼效果

8）新建一个名称为“moon2”的影片剪辑元件，将“moon1”拖入舞台后制作月亮摇摆的动画。

9）新建一个名称为“star1”的图形元件，使用矩形工具和选择工具绘制一根线条，在“变形”面板中设置旋转角度为72°并单击“重置选区和变形”按钮，再使用椭圆工具绘制光环，如图 9.10 所示。

图 9.10 绘制光环

10）新建一个名称为“star2”的影片剪辑元件，从库中将元件“star1”拖到舞台中心，在第 10、20、30 帧处插入关键帧，改变每个关键帧上星星的大小，并创建补间动画，制作星星闪烁的效果。

11）新建一个名称为“人”的影片剪辑元件。使用刷子工具绘制一个男孩的人物形象，再使用颜料桶工具填充颜色，如图 9.11 所示。

12）在第 5、10 帧处插入关键帧，选中第 5 帧图形，改变左右脚的位置，如图 9.12 所示的位置。

图 9.11　绘制人物

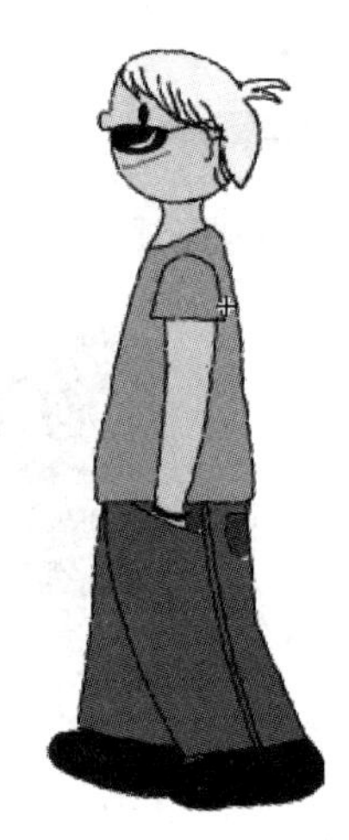

图 9.12　改变左右脚的位置

13）新建一个名称为“night”的影片剪辑元件，进入其编辑状态。新建一个宽为 550 像素、高为 400 像素的矩形，使其相对于舞台居中对齐。在“颜色”面板中将其填充颜色设为由蔚蓝色到黑色的线性渐变。

14）新建图层 2，绘制一个由浅灰色到深灰色线性渐变的矩形作为地面，如图 9.13 所示。

图 9.13　绘制地面

15）新建图层 3，从库中将元件“house1”“house2”“house3”拖到舞台上若干次，并将元件“deng”放到房子旁。

16）新建图层 4，从库中将元件“moon2”拖到舞台上，将元件“star2”拖到舞台上若干次，使用变形工具调整元件大小，使星星的大小略有不同，在上述 4 层的第 70 帧处均插入帧，如图 9.14 所示。

图 9.14　往舞台上导入各元件

17）新建图层 5，在第 10 帧处插入关键帧，从库中将元件“男孩”拖到舞台右侧外，在第 70 帧处插入关键帧，将男孩拖到舞台左侧外，在两帧间创建补间动画，并在最后一帧上添加停止动作。

18）回到主场景，从库中将元件“night”拖到舞台上并使其居中对齐。

19）按 Ctrl+Enter 组合键测试动画效果，并保存文档。

案例 9.3　人物动画娃娃学计算机

设计效果

本案例要利用图文件，先将其转换成图形元件再加入动画中，然后进行细节部位的修改，让小女孩边摇头边眨眼睛，跟计算机对话，如图 9.15 所示。

图 9.15　人物动画娃娃学计算机效果图

设计思路

1）利用影片剪辑特性微调，制作生动的人物形象。

2）让影片剪辑以自定义路径加入动画中。

3）利用放大变形做出特写效果。

4）为动画加入背景音乐。

设计步骤

Step1 制作背景。

1）创建一个新的 Flash 文档，按 Ctrl+J 组合键，在弹出的“文档设置”对话框中设置宽为 600 像素，高为 400 像素，帧频为 12，背景颜色为淡蓝色（颜色值为#00FFFF）。

2）改变图层 1 的名称为“background”。

3）选择钢笔工具，设置笔触颜色为黑色，笔触大小为 3，然后在编辑区中绘制一个横跨整个舞台的山脉轮廓，如图 9.16 所示。

图 9.16　绘制山脉轮廓

4）选择直线工具，设置笔触颜色为绿色（颜色值为#00FF00），然后将山脉的轮廓线沿着舞台的下半部边缘连接成一个闭合的区域。再用颜料桶工具以相同的颜色将山脉填充为绿色，如图 9.17 所示。

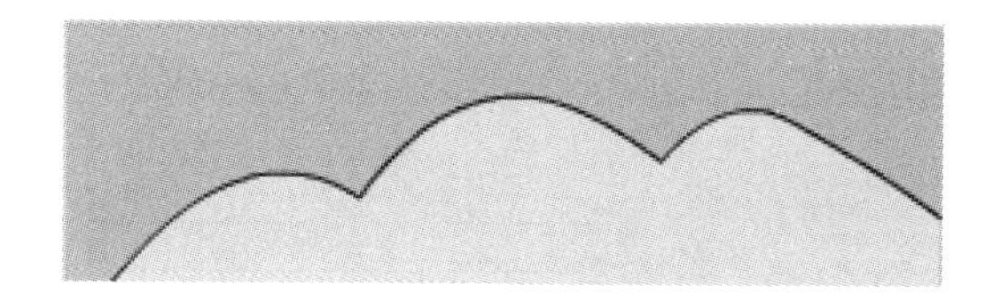

图 9.17　填充颜色

5）用选择工具选择整个山脉，按 F8 键将其转换为图形元件，命名为“mountain”。

Step2 制作生动的人物动画。

在 Flash 动画中，人物类的元件多以矢量文件的方式制作，它最大的好处是可以独立修改每个部位，不必每改变一个小小的动作就要重做一张图片。

1）按 Ctrl+F8 组合键，新建影片剪辑元件，命名为“girl”。

2）按 Ctrl+R 组合键，导入一个可爱的小女孩图片，如图 9.18 所示。将图层 1 重命名为“body”。

3）按 Ctrl+B 组合键，将图片分离，然后将眼睛选中，按 F8 键将其转换为图形元件“girleye”，在“girleye”不同帧中制作出眼睛的变化效果。

4）回到“girl”元件的编辑状态。接下来，把小女孩身上不同的部位放在不同的图层，以方便进行动作的设置。新建图层 head。

5）使用选择工具，选中 body 图层中小女孩的头部，然后按 Ctrl+X 组合键，将选取部件剪切下来。再单击 head 图层的第 1 帧，按 Ctrl+Shift+V 组合键，将剪切下来的头部粘贴回原来的位置，如图 9.19 所示。

图 9.18　导入人物图形

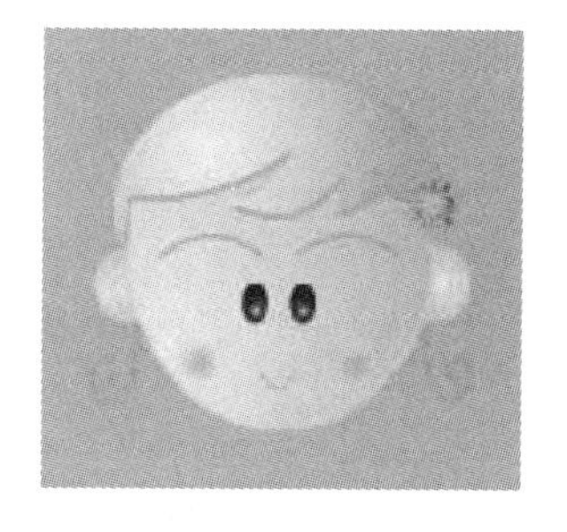

图 9.19　将头部剪切下来放在单独的图层中

6）单击 body 图层的第 30 帧，按住 Ctrl 键再单击 head 图层的第 30 帧，按 F5 键插入帧，然后分别在两个图层的第 7、13、19、25 帧处按 F6 键插入关键帧，如图 9.20 所示。

提示：由于人物动画需要比较细腻的动作，所以多半以逐帧动画的方式制作，也就是说，在每一个帧中做一点儿小小的改变，连续播放时就会让人物产生动感，如图 9.21 所示。

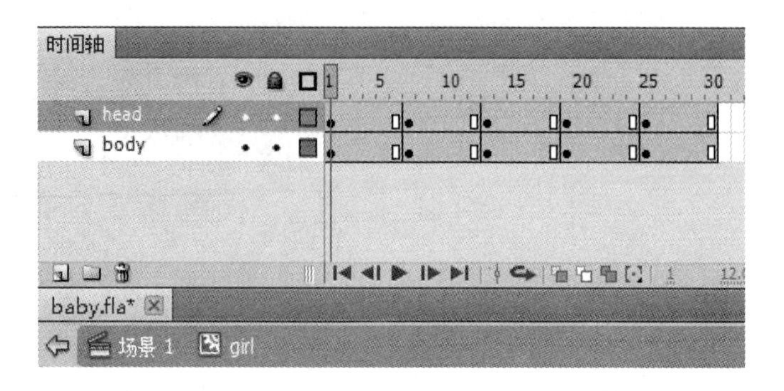

图 9.20　人物动画的时间轴

图 9.21　修改后的关键帧中的人物图形

7）分别对两个图层关键帧中的内容进行修改。

8）按 Ctrl+F8 组合键，新建影片剪辑元件，命名为“computer”。按 Ctrl+R 组合键，打开“导入”对话框，选择“computer.gif”文件，单击“打开”按钮，导入计算机图片，如图 9.22 所示。

9）制作计算机开口说话的动画。按 Ctrl+B 组合键将计算机图片分离，并删去透明部分。在第 15 帧处按 F5 键插入帧。

10）单击“新建图层”按钮，新建图层 2，重命名为“mouth”。按照前面的做法将图层 1 中的嘴巴部分剪切下来粘贴到 mouth 图层中。

11）分别选取 mouth 图层的第 6、11 帧，按 F6 键插入关键帧。现在要改变计算机的嘴型，使其像在说话一样。单击 mouth 图层的第 6 帧，用铅笔工具在计算机的“嘴巴”上绘制一个新的嘴型。

12）按 Ctrl+F8 组合键，新建图形元件，命名为“dialog”。

13）选择椭圆工具，在“属性”面板中设置笔触颜色为白色，笔触大小为 5，填充颜色为无，笔触样式为实线。另外，还可以根据需要单击“编辑笔触样式”按钮，自定义笔触样式。在编辑区中绘制一个对话框，如图 9.23 所示。

图 9.22　导入计算机图片

图 9.23　绘制对话框

14）按 Ctrl+E 组合键，返回场景 1。至此，元件制作完成了，接着开始制作动画。

Step3 加入第一段动画与对话。

1）选择 background 图层的第 100 帧，按 F5 键插入帧。

2）单击“新建图层”按钮，新建图层 2，重命名为“girl”。然后从库中将影片剪辑元件“girl”拖至舞台的右下方，如图 9.24 所示。

3）单击“新建图层”按钮，新建图层 3，重命名为“dialog”，用来显示主角小女孩和计算机的说话内容。

4）在第 6 帧处按 F6 键插入关键帧，从库中拖入“dialog”图形元件。

5）选择文本工具，在“属性”面板中设置字体为华文行楷，大小为 22，颜色为蓝色（颜色值为#0000FF），文字居中。在对话框中输入文字“大家好，我是小雪，正在学习使用 Flash 制作动画！”，如图 9.25 所示。

6）对话显示一段时间后应该消失，所以在 dialog 图层的第 30 帧，按 F7 键插入空白关键帧。

图 9.24　加入 girl

图 9.25　加入人物对话文字

Step4 加入计算机并以自定义路径入场。

1）单击“新建图层”按钮，新建图层 4，重命名为“computer”，再单击 computer 图层的第 30 帧，按 F6 键插入关键帧，然后从库中将计算机元件拖入舞台。

2）单击 computer 图层的第 40 帧，按 F6 键插入关键帧。右击该图层，在弹出的快捷菜单中选择“添加传统运动引导层”命令，为 computer 图层添加运动引导层，在此图层中设置计算机弹跳的路线。

3）单击引导层的第 30 帧，按 F6 键插入关键帧。然后选择铅笔工具，并设置铅笔模式为平滑模式S.。然后从工作区的左边向舞台绘制一条弹跳的路线，并让路径在舞台的中间结束。

4）用选择工具选中 computer 图层第 30 帧中计算机的中心点，将其拖到工作区中那一段的线头上，并确定计算机中间的黑色小圆圈对准线头，如图 9.26 所示。

图 9.26　绘制路径

5）单击 computer 图层的第 40 帧，选中计算机的中心点，将其拖到舞台中间的线头上，如图 9.27 所示。

6）右击 computer 图层的第 30 帧，在弹出的快捷菜单中选择“创建补间动画”命令。至此，计算机进场的动画就完成了。

图 9.27　第 40 帧

Step5 加入第二段对话。

1）单击 dialog 图层的第 40 帧，按 F6 键插入关键帧。然后从库中将“dialog”元件拖入舞台，放在计算机的右上方。

2）调整对话框的角度。选中对话框实例，在菜单栏中选择“修改”→“变形”→“水平翻转”命令，将对话框水平翻转，如图 9.28 所示。

3）将对话框实例调整到适当位置后，再用文本工具在其中输入计算机的对话内容“那么，你现在学会了吗？”，将颜色设置为橘黄色（颜色值为#FF6400）。

4）在 dialog 图层的第 60 帧处按 F7 键插入空白关键帧，结束计算机的对话。

5）单击第 65 帧，将库中的“dialog”元件拖入舞台中小女孩的左上方。

6）用文本工具在对话框中输入结尾对话的内容“当然会了。不然我怎么能做出这段动画呢？”，将颜色设置为蓝色，如图 9.29 所示。

图 9.28　加入计算机对话文字

图 9.29　加入人物对话文字

7）选择第 95～100 帧，按 Shift+F5 组合键删除，使这段对话在第 94 帧结束。

Step6 加大强调的结局画面。

1）制作小女孩的特写镜头。同时选择 computer 图层、girl 图层及 background 图层的第 95 帧，然后按 F6 键插入关键帧。

2）按 Ctrl+A 组合键将时间轴第 100 帧中舞台内的所有内容选中。选择变形工具，将选取的实例全部放大。然后将放大后的内容向左移动，使小女孩出现在舞台中。

3）右击 computer 图层的第 95 帧，在弹出的快捷菜单中选择“创建补间动画”命令。

4）对 girl 图层和 background 图层中的第 95 帧重复步骤 3）的操作，总共加入 3 段补间动画。

5）单击 computer 图层的第 100 帧，按 F9 键打开“动作”面板，为此帧加入 Actions 语句：

```
stop();
```

提示： 加入这个指令的用意是让动画自动停在这个画面。由于 Flash 会默认动画不停地重复播放，所以如果不设定 stop 指令，动画就会不停地自动回放。

至此，动画部分制作完成。完成后的时间轴如图 9.30 所示。这时可以按 Ctrl+Enter 组合键，预览动画效果。

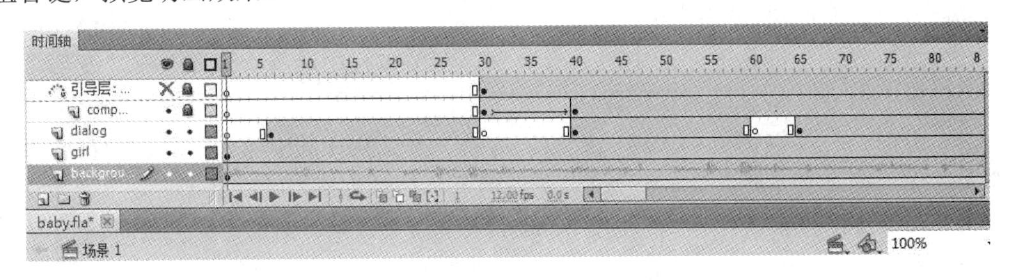

图 9.30 完成后的时间轴

Step7 为动画加入背景音乐。

1）按 Ctrl+R 组合键，打开“导入”对话框，选择“music.wav”文件，单击“打开”按钮，导入音乐文件。

2）选中 background 图层的第 1 帧，在“属性”面板的“声音”选项组中设置文件名称为“music”，并设置效果为“淡入”，循环次数中设为 50（表示音乐会自动播放 50 次），如图 9.31 所示。

图 9.31 设置音乐属性

现在，可以看到 background 图层已经出现了声纹，表示音效已经设定好了，可以试播一下欣赏效果。

注意： 在动画中加入音效方法很简单，但是如果加入音效后又想要去掉，该怎么办？很简单，只要选择加入音效的帧，打开“属性”面板，在“声音”选项组的“名称”下拉列表框中选择“无”选项即可。

案例9.4 生日快乐

设计效果

画面中出现一个漂亮的礼品包装盒，单击它，就会出现生日快乐的动画，如图9.32所示。

图9.32 生日快乐效果图

设计思路

1）改变元件的亮度。

2）设置图层属性成为遮罩层。

3）制作多场景动画。

4）用ActionScript语句控制不同场景间的转换。

设计步骤

Step1 制作元件。

1）创建一个新的Flash文档，设置背景色为黑色。

2）按Ctrl+F8组合键创建图形元件“boy”，如图9.33所示。

3）按 Ctrl+F8 组合键创建图形元件“card”，用矩形工具绘制一个与舞台大小一样的深蓝色、无边框矩形，效果如图9.34所示。

4）按Ctrl+F8组合键创建图形元件“flower”，绘制一朵黄色的花，如图9.35所示。

5）按Ctrl+F8组合键创建影片剪辑元件“fly1-mov”，先绘制一个如图9.36所示的蝴蝶翅膀，按F8键将其转换为图形元件“fly1”，如图9.36所示。

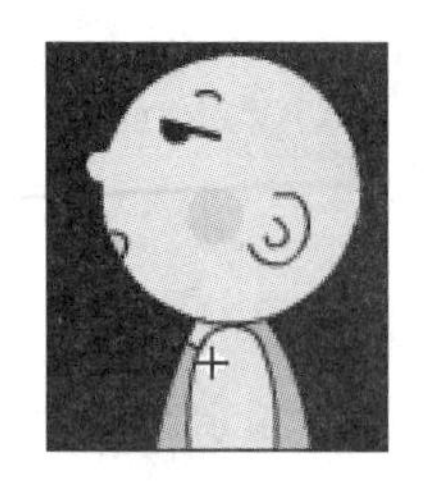

图 9.33　图形元件“boy”

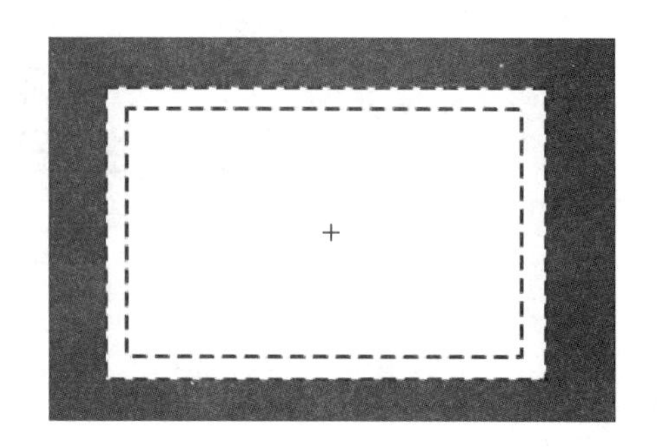

图 9.34　图形元件“card”

图 9.35　图形元件“flower”

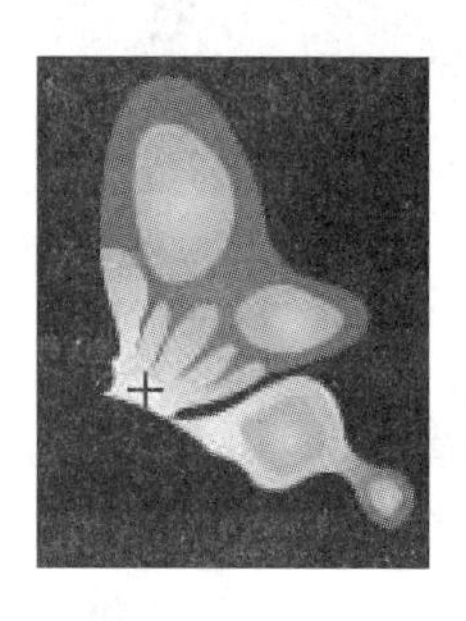

图 9.36　图形元件“fly1”

6）将第 1 帧的元件“fly1”逆时针旋转一点儿，再从库中拖入一个图形元件“fly1”，放在其上面，如图 9.37 所示。

7）在第 3 帧处按 F6 键插入关键帧，将两个蝴蝶翅膀分别沿顺时针方向和逆时针方向旋转一点儿，使蝴蝶的翅膀张开，如图 9.38 所示。在第 4 帧处按 F5 键插入帧。

8）建立新图层，绘制蝴蝶的头部和触角，如图 9.39 所示。

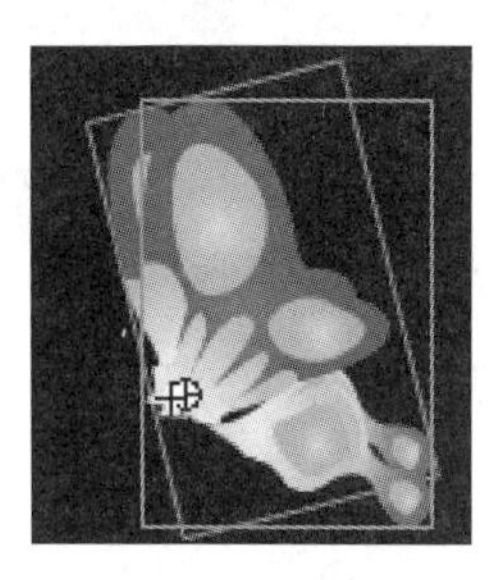

图 9.37　第 1 帧

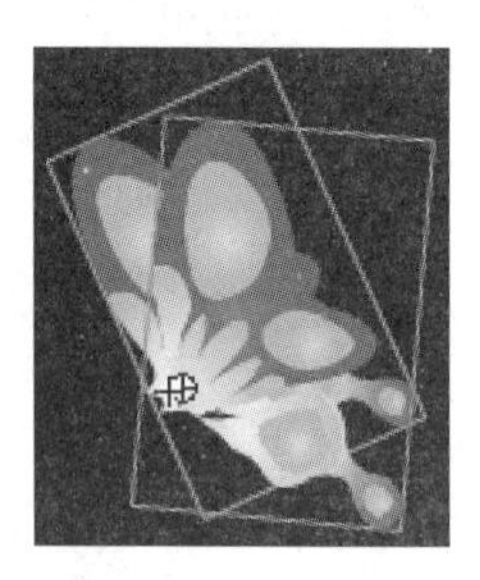

图 9.38　第 3 帧

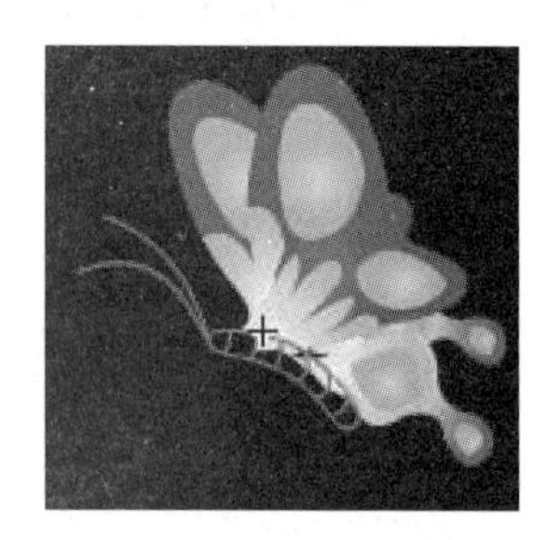

图 9.39　绘制蝴蝶的头部和触角（一）

9）按 Ctrl+F8 组合键创建影片剪辑元件“fly2-mov”。先绘制一个如图 9.40 所示的蝴蝶翅膀，再按 F8 键将其转换为图形元件“fly2”。

10）将第 1 帧中的“fly2”逆时针旋转一点儿，再从库中拖入一个“fly2”，水平旋转后放在其右边，如图 9.41 所示。

11）在第 3 帧处按 F6 键插入关键帧，将两个蝴蝶翅膀分别进行变形，如图 9.42 所示。在第 4 帧处按 F5 键插入帧。

12）建立新图层，绘制蝴蝶的头部和触角，如图 9.43 所示。

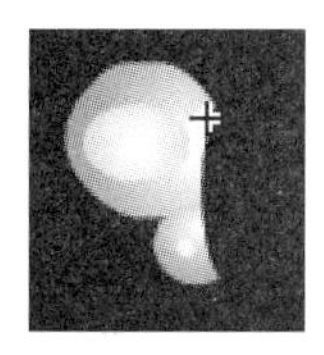

图 9.40 绘制翅膀

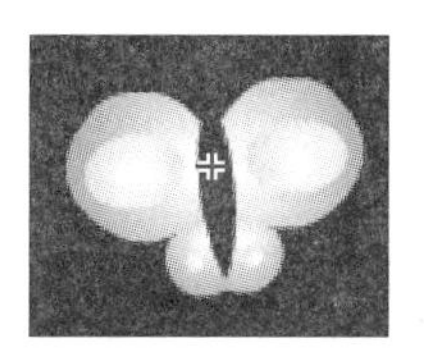

图 9.41 第 1 帧

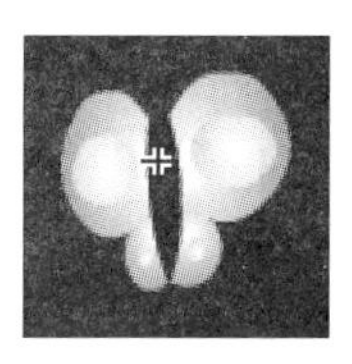

图 9.42 第 3 帧

图 9.43 绘制蝴蝶的头部和触角（二）

13）按 Ctrl+F8 组合键创建影片剪辑元件“frame”。用矩形工具绘制一个填充颜色为绿色的无边框矩形，再换一种填充颜色在中间绘制一个小一点儿的矩形。单击中间的矩形，按 Delete 键，即可得到一个矩形边框。在第 9 帧处按 F6 键插入关键帧，将边框颜色填充为白色。在第 16 帧处按 F5 键插入帧。

14）建立新图层，绘制一个红色心形，复制后放在 4 个边框角上，如图 9.44 所示。

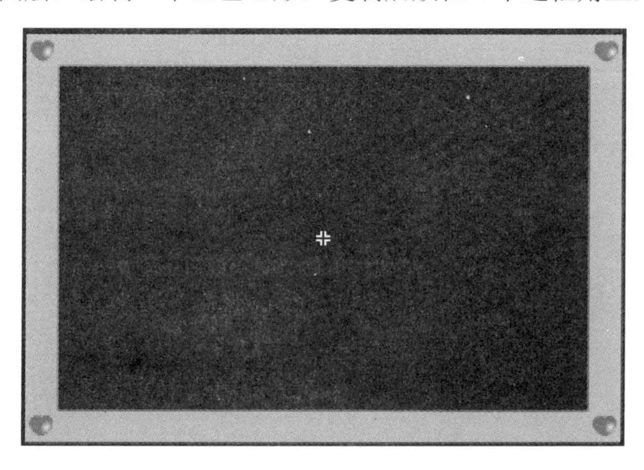

图 9.44 放入心形

15）按 Ctrl+F8 组合键创建影片剪辑元件“gift-mov”，绘制一个如图 9.45 所示的礼品盒，使其位置居中，按 F8 键将其转换为图形元件“gift”。然后在第 5、9 帧处按 F6 键插入关键帧，将第 5 帧的图形缩小，选中图层中的所有帧，添加传统补间动画。

16）按 Ctrl+F8 组合键创建按钮元件“but”，在“弹起”帧将图形元件“gift”拖入，使其位置居中，在“指针经过”帧拖入影片剪辑元件“gift-mov”。

17）按 Ctrl+F8 组合键创建按钮元件“replay”，在“弹起”帧绘制一个白蓝色、径向渐变填充的椭圆，并使用文本工具添加文字“REPLAY”，如图 9.46 所示。

18）按 Ctrl+F8 组合键创建图形元件“text”，输入蓝色文字“Happy Birthday”，然后对文字进行复制，改变颜色为橘黄色，并放在蓝色文字上面，分别向左边和上边移动 2 像素。再将图形元件“flower”拖入舞台并放在合适的位置作为点缀，如图 9.47 所示。

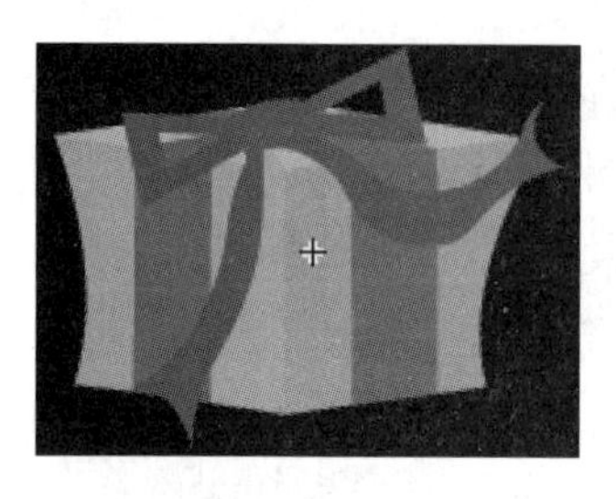

图 9.45　绘制礼品盒

图 9.46　replay 按钮

图 9.47　加入文字

Step2 制作场景 1。

1）按 Ctrl+E 组合键返回场景 1，将“frame”元件从库中拖到舞台上，并使其和舞台大小一样，再将“but”按钮元件拖入框中间，然后放置许多“flower”元件在礼品盒的周围，再将“fly1-mov”放在礼品盒的上方，如图 9.48 所示。

图 9.48　场景 1

2）选择第 1 帧，打开“动作”面板，加入以下语句：

```
stop();
```

3）单击“but”按钮，打开“动作”面板，加入以下语句：

```
on(release){
gotoAndPlay("场景 2",1);
```

```
}        //单击并松开按钮后跳到场景 2 的第 1 帧运行
```

Step3 制作场景 2。

1）按 Shift+F2 组合键打开“场景”面板，新增场景 2。

将图层 1 重命名为“gift1”，然后将图形元件“gift”拖入舞台中间，在“属性”面板的“色彩效果”选项组中将颜色样式设置为“亮度”，并设置亮度值为 50%，如图 9.49 所示。在第 15 帧处按 F5 键。

2）创建新图层 card，从库中将图形元件“card”拖入到舞台上，使其刚好能完全覆盖舞台，如图 9.50 所示。在第 25 帧处按 F5 键。

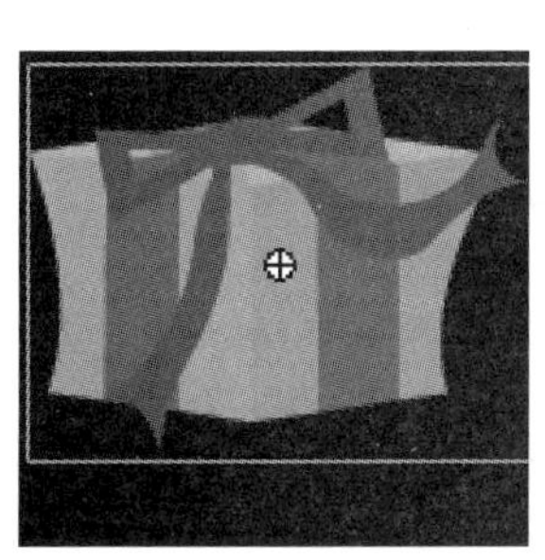

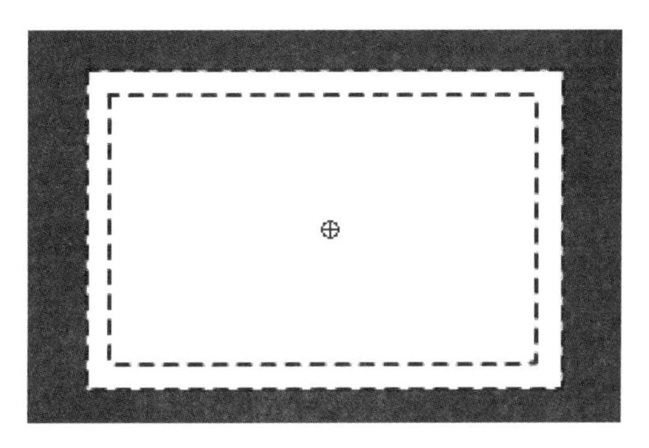

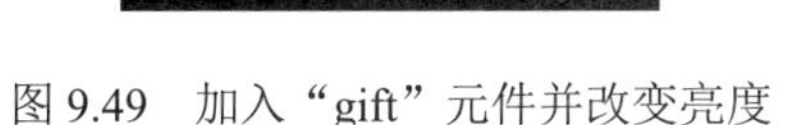

图 9.49　加入“gift”元件并改变亮度

图 9.50　加入“card”元件

3）创建新图层 boy，在第 15 帧处按 F7 键插入空白关键帧，从库中将图形元件“boy”拖到舞台的右下方，如图 9.51 所示。在第 25 帧处按 F6 键插入关键帧，将图形元件“boy”拖到舞台的右下方，如图 9.52 所示。在第 15 帧设置动作补间动画。

图 9.51　第 15 帧男孩的位置

图 9.52　第 25 帧男孩的位置

4）创建新图层 gift2，在第 4 帧处按 F7 键插入空白关键帧，从库中将图形元件“gift”拖入，放在舞台中间。

在第 14 帧处按 F6 键插入关键帧，将图形元件“gift”移到舞台的左下方，并且缩小。在第 4 帧设置动作补间动画。在第 15 帧处按 F6 键插入关键帧，在礼物周围加一些修饰物，如图 9.53 所示。

5）创建新图层 butterfly1，在第 15 帧处按 F7 键插入空白关键帧，从库中将影片剪辑元件“fly1-mov”拖入，放在舞台右边的外面，在第 20 帧处按 F6 键插入关键帧，将“fly1-mov”移到舞台内。在第 15 帧设置动作补间动画。

6）创建新图层 butterfly2，在第 15 帧处按 F7 键插入空白关键帧，从库中将影片剪辑元件“fly2-mov”拖入，放在舞台左下角的外面，在第 22 帧处按 F6 键插入关键帧，将“fly2-mov”移到舞台内。在第 15 帧设置动作补间动画。

7）创建新图层 text，在第 15 帧处按 F7 键插入空白关键帧，从库中将元件“text”拖入，放在舞台右边的外面，在第 25 帧处按 F6 键插入关键帧，将“text”移到舞台的中间，在第 15 帧设置动作补间动画。

8）创建新图层 button，在第 25 帧处按 F7 键插入空白关键帧，从库中将按钮元件“replay”拖入，放在舞台右上方，如图 9.54 所示。

图 9.53　第 15 帧

图 9.54　第 25 帧

9）选择第 25 帧，打开“动作”面板，加入以下语句：

```
stop();
```

单击“replay”按钮，打开“动作”面板，加入以下语句：

```
on(release){
    gotoAndPlay（“场景 1”，1）；
}           //单击并松开按钮后跳到场景 2 第 1 帧运行
```

10）新增图层 mask，在第 1 帧拖入元件“card”，放在舞台上。在第 15 帧处按 F6 键插入关键帧，然后将第 1 帧的图形缩小。在第 1 帧设置动作补间动画。

11）右击 mask 图层，在弹出的快捷菜单中选择“遮罩层”命令，这时下面的 button 图层自动成为被遮罩层。

12）右击 text 图层，在弹出的快捷菜单中选择“属性”命令，弹出“图层属性”对话框，在“类型”选项组中选中“被遮罩”单选按钮，单击“确定”按钮。这样，text 图层也成为被遮罩层。

13）用同样的方法，将 butterfly1、butterfly2、gift2、boy、card 图层都变成被遮罩层，如图 9.55 所示。

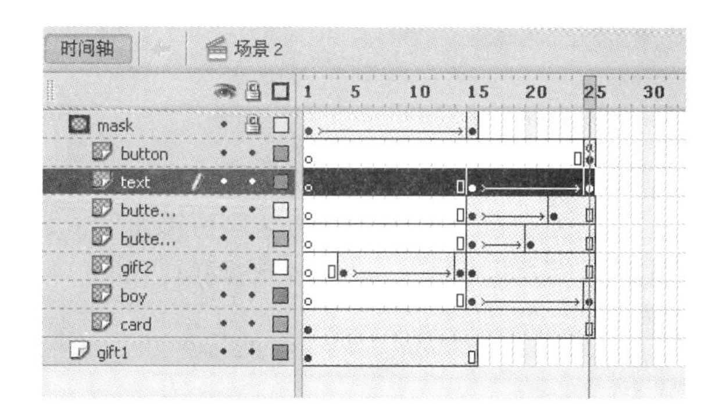

图 9.55　场景 2 的时间轴

14）按 Ctrl+Enter 组合键测试动画效果，并保存文档。

案例 9.5　求　婚

设计效果

本案例首先以动画形式表现二人之间爱的誓言，然后出现求婚的心形按钮，单击此按钮，即女孩接受求婚，并接过男孩手中的花束。效果如图 9.56 所示。

图 9.56　求婚动画效果图

设计思路

1）制作人物动画。
2）制作动态按钮。
3）让对象沿路径运动。
4）设置图层属性为被遮罩层。
5）制作多场景动画。
6）用 ActionScript 语句控制不同场景间的转换。

设计步骤

Step1 制作动画元件。

1）创建一个新的 Flash 文档，设置背景色为白色。

2）制作人物元件，这里需要制作两个人物的影片剪辑元件，如图 9.57 和图 9.58 所示。制作过程参照前面案例，这里不再赘述。人物动画所需的元件，如眼睛、脚、身体等均放在库中 child 文件夹里。

图 9.57 影片剪辑元件“boy”

图 9.58 影片剪辑元件“girl”

3）按 Ctrl+F8 组合键创建图形元件“flower”，绘制一朵紫色的花，如图 9.59 所示。

4）按 Ctrl+F8 组合键创建花束的影片剪辑元件“bouquet”，在“属性”面板中为其设置不同的颜色，按照如图 9.60 所示的方式摆放，以形成花束。

图 9.59 图形元件“flower”

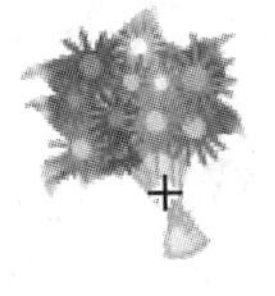

图 9.60 “bouquet”元件

5）制作手拿花束的男孩和手拿花束的女孩的影片剪辑元件，分别如图 9.61 和图 9.62 所示。

图 9.61 影片剪辑元件“boy&flower”

图 9.62 影片剪辑元件“girl&flower”

6）按 Ctrl+F8 组合键创建影片剪辑元件“boy&girl”，将影片剪辑元件“boy&flower”和“girl”拖入，并排摆放，如图 9.63 所示。

图 9.63　影片剪辑元件“boy&girl”

7）按 Ctrl+F8 组合键创建图形元件“heart-mov”，绘制一个用白红径向渐变填充的心形，放在舞台中央。选中心形，按 F8 键将其转换为图形元件“heart”，如图 9.64 所示。

图 9.64　图形元件“heart”

在第 5、10 帧处按 F6 键插入关键帧，将第 5 帧的心形放大，且设置 Alpha 值为 50%。

选中图层中的所有帧，设置传统补间动画。

8）按 Ctrl+F8 组合键创建影片剪辑元件“love”，然后绘制如图 9.65 所示的心形，在第 3、5 帧处按 F6 键插入关键帧，然后修改第 3 帧（图 9.66）和第 5 帧（图 9.67）的图形，在第 6 帧处按 F5 键插入帧。

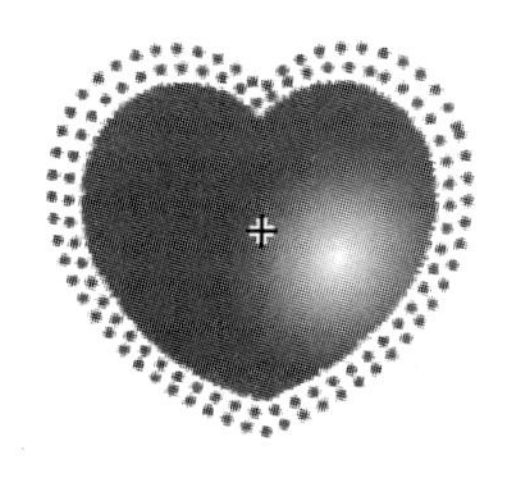

图 9.65　第 1 帧

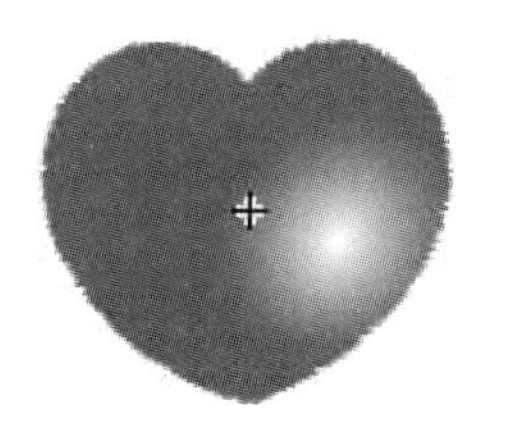

图 9.66　第 3 帧

图 9.67　第 5 帧

9）按 Ctrl+F8 组合键创建影片剪辑元件“circle-mov”，先绘制一个如图 9.68 所示的圆，中间填充为白色，外圈填充灰色，按 F8 键将其转换为图形元件“circle”。在第 16、31 帧处按 F6 键插入关键帧，然后将第 16 帧中的圈的 Alpha 值设为 70%。单击图层，设置传统补间动画。

10）按 Ctrl+F8 组合键创建影片剪辑元件“snow”，将影片剪辑元件“circle-mov”拖入，在第 140 帧处按 F6 键插入关键帧。

11）增加引导层，绘制一条运动路线，如图 9.69 所示，然后将图层 1 第 1 帧的圈贴到运动路线的顶端，将第 140 帧的圈贴到路线的底端，在第 1 帧设置传统补间动画，完成从上到下弯曲运动的动画。

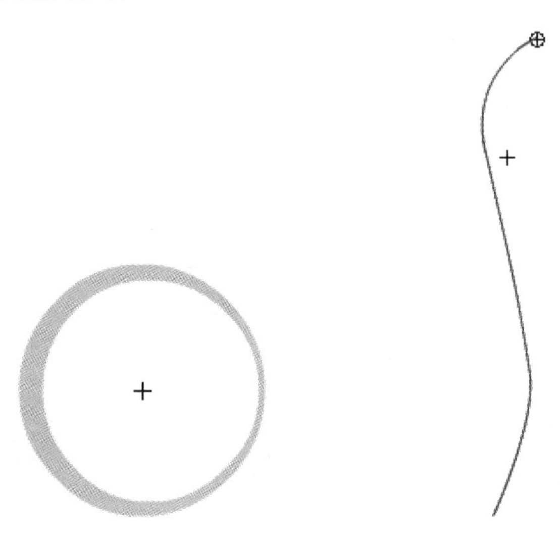

图 9.68　绘制圆　　　　图 9.69　绘制运动路线

12）创建 5 个图形元件“text1”～“text5”，分别放置要在动画中出现的 5 段文字，如图 9.70 所示。

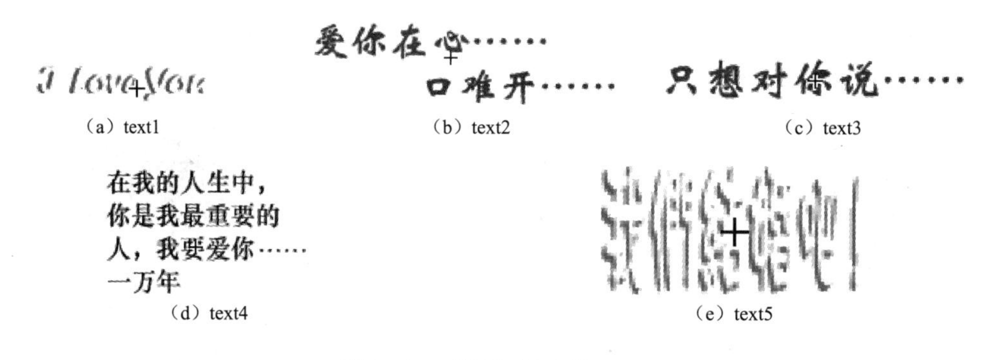

（a）text1　（b）text2　（c）text3

（d）text4　（e）text5

图 9.70　5 段不同的文字

13）按 Ctrl+F8 组合键创建按钮元件“but”，在“弹起”帧拖入影片剪辑“love”，在“指针经过”帧和“按下”帧按 F6 键插入关键帧。然后选择“指针经过”帧中的心形，在“属性”面板的“色彩效果”选项组中将“样式”设置为“高级”，相应参数设置如图 9.71（a）所示，在“按下”帧按照同样的方法设置心形的颜色，相应参数设置如图 9.71（b）所示。

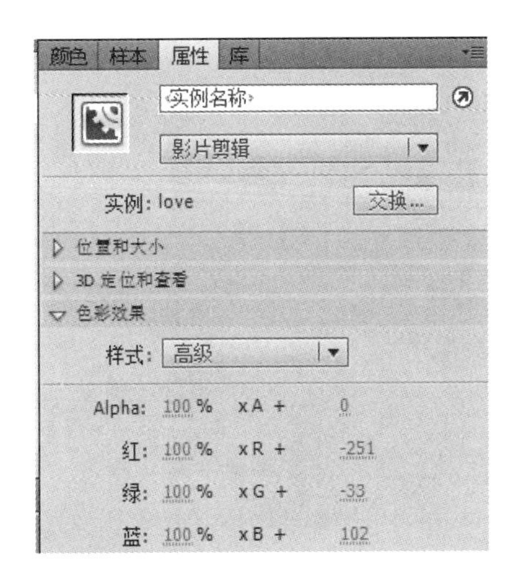

（a）将颜色改为蓝色

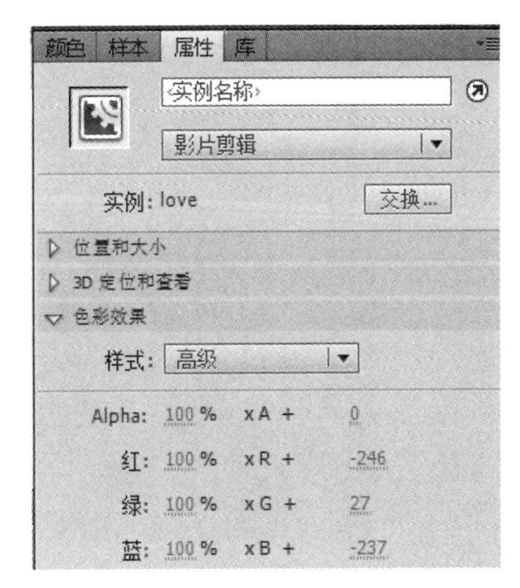

（b）将颜色改为绿色

图 9.71　参数设置

14）按 Ctrl+F8 组合创建另一个按钮元件“replay”，在“弹起”帧绘制一个椭圆，用白蓝色径向渐变填充，并添加文字“Replay”，如图 9.72 所示。

Step2 love 场景的制作。

1）按 Shift+F2 组合键打开“场景”面板，将场景 1 重命名为“love”，然后新增场景 2，并重命名为“marriage”，如图 9.73 所示。

图 9.72　按钮元件“replay”

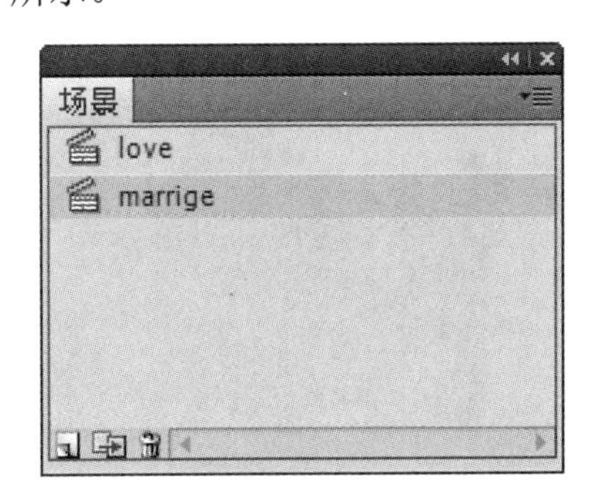

图 9.73　“场景”面板

2）进入 love 场景，将图层 1 重命名为“bg”。选择矩形工具，设置填充颜色为紫色，笔触颜色为橘黄色，笔触大小为 6，样式为点状，在舞台中绘制一个矩形，大小和舞台一样。然后从库中 4 次拖入影片剪辑元件“heart-mov”，分别放在舞台的 4 个角上，如图 9.74 所示。在第 65 帧处按 F5 键。

图 9.74　制作背景

3）新增图层 boy&girl，从库中将元件“boy&girl”拖入，如图 9.75 所示，然后在第 20、40 帧处按 F6 键插入关键帧。将第 1 帧中元件的 Alpha 值设置为 0%，并且放大，将第 40 帧的元件缩小。在第 1、20 帧设置传统补间动画。

图 9.75　加入两个人物

4）新建图层 snow，多次拖入影片剪辑元件“snow”，放在舞台的上边，制作雪花落下的动画。

5）新建图层 text1，拖入元件“text1”，放在舞台左上角（图 9.76），在第 10、20、30、40、50、55、60、65 帧处按 F6 键插入关键帧，然后在每个关键帧移动文字的位置，并在“属性”面板中改变每帧中文字的颜色。选中这一图层，设置传统补间动画。这样就形成了文字在屏幕上到处移动且变换颜色的动画。

图 9.76　加入文字

6）新建图层 button，在第 65 帧处按 F7 键插入空白关键帧，拖入元件“but”，放在舞台上人物的左边（图 9.77）。

图 9.77　加入心形按钮

7）新建图层 text2，拖入“text2”元件，放在舞台中间，在第 10 帧处按 F6 键插入关键帧，将第 10 帧文字的 Alpha 值设置为 0%，在第 1 帧设置传统补间动画，如图 9.78 所示。

图 9.78　加入第二段文字

8）在第 13 帧处按 F6 键插入空白关键帧，拖入元件“text3”，放在舞台的左上角（图 9.79），在第 18、23 帧处按 F6 键插入关键帧。将第 13、23 帧文字的 Alpha 值设置为 0%。在第 13、18 帧设置传统补间动画。

图 9.79　加入第三段文字

9）在第 30 帧处按 F7 键插入空白关键帧。拖入元件“text4”，放在舞台左边的外边（图 9.80），在第 40 帧处按 F6 键插入关键帧，将文字移入舞台内。将第 30 帧文字的 Alpha 值设置为 0%。在第 30 帧设置传统补间动画。

图 9.80　加入第四段文字

在第 44、54 帧处按 F6 键插入关键帧，将第 54 帧文字的 Alpha 值设置为 0%。在第 44 帧设置传统补间动画。

10）在第 55 帧处按 F7 键插入空白关键帧。拖入元件“text5”，放在心形按钮的中间（图 9.81），在第 55 帧处按 F6 键插入关键帧。将第 55 帧文字的 Alpha 值设置为 0%。在第 55 帧设置传统补间动画。

图 9.81　加入第五段文字

11）选择 button 图层的最后一帧，即第 65 帧，打开“动作”面板，加入以下语句：

```
stop();
```

单击心形按钮“but”，打开“动作”面板，加入以下语句：

```
on(release){
    gotoAndPlay("marriage",1);
}                  //单击并松开按钮后跳到场景 marriage 的第 1 帧运行
```

完成后的 Love 场景的时间轴如图 9.82 所示。

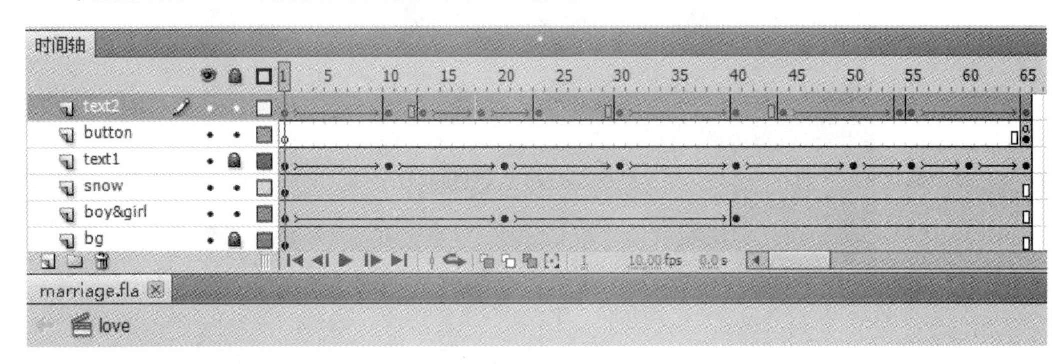

图 9.82　完成后的 Love 场景的时间轴

Step3 制作 marriage 场景。

1）切换到 marriage 场景。将图层 1 重命名为“bg”。用矩形工具绘制一个与舞台大小一样的红色矩形。在第 35 帧处按 F5 键。

2）新建图层 curtain，绘制幕布图形，如图 9.83 所示。

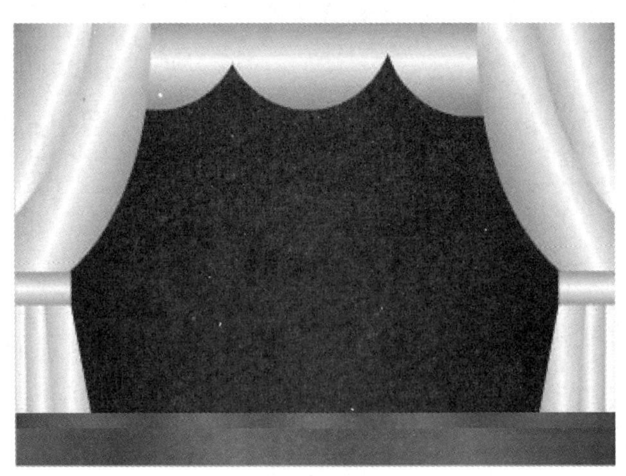

图 9.83　绘制幕布

3）新建图层 couple，将元件“boy&girl”拖入，放在舞台中间。在第 20 帧处按 F7 键插入空白关键帧。

4）新建两个图层 boy 和 girl，分别在两个图层的第 20 帧处按 F7 键插入空白关键帧。将元件“boy”和“girl&flower”分别拖入第 20 帧，并排摆放，并且使其中间有一点儿距离，如图 9.84 所示。

图 9.84 加入男孩和持花女孩

5）分别在两个图层的第 30 帧处按 F6 键插入关键帧，然后调整两个人物的位置，使得他们牵手紧挨着，如图 9.85 所示。在第 20 帧设置传统补间动画。

图 9.85 改变人物位置

6）新建图层 button，在第 35 帧处按 F7 键插入空白关键帧，拖入元件“replay”，放在舞台右下角的位置。

7）选择第 35 帧，打开“动作”面板，加入以下语句：

```
stop();
```

单击“replay”按钮，打开“动作”面板，加入以下语句：

```
on(release){
    gotoAndPlay("love",1);
}       //单击并松开按钮后跳到 love 场景的第 1 帧播放
```

8）新建图层 love mask，将心形图形元件“heart”拖入，放在右下角舞台的外边。在第 20 帧处按 F6 键插入关键帧。将心形移到舞台中间并且放大到能遮住全部舞台。在第 21 帧处按 F7 键插入空白关键帧。

在第 1 帧设置传统补间动画。

9）右击 love mask 图层，在弹出的快捷菜单中选择“遮罩层”命令，此时其下的 button 图层自动成为被遮罩层。

10）分别右击 girl、boy、couple、curtain 图层，在弹出的快捷菜单中选择“属性”命令，然后在弹出的“图层属性”对话框中设置“类型”为“被遮罩”。这样即可使遮罩同时作用于这几个图层。marriage 场景的时间轴如图 9.86 所示。

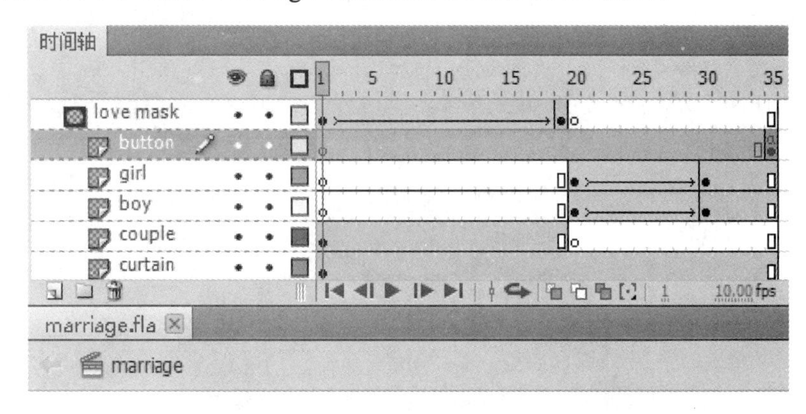

图 9.86　marriage 场景的时间轴

11）按 Ctrl+Enter 组合键测试动画效果，并保存。

案例 9.6　互动式网页

设计效果

制作互动式网页，效果如图 9.87 所示。

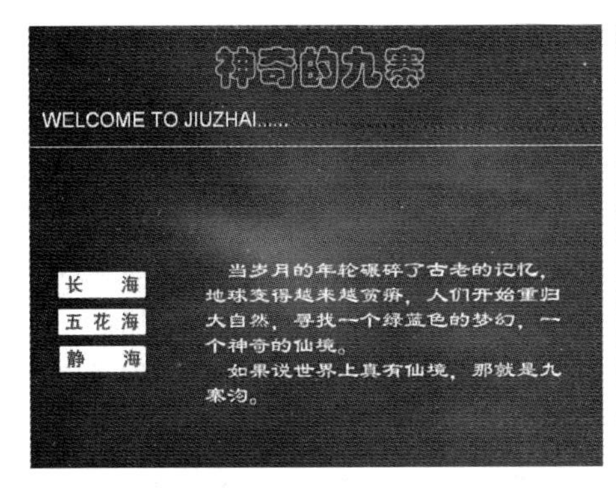

图 9.87　互动式网页效果图

设计思路

1）在库中建立文件夹对元件进行分类存储。

2）制作空心字。

3）通过时间轴上帧的错位实现空心字变叠影字动画。

4）让图形沿路径进入。

5）设置补间动画实现旋转效果。

6）利用遮罩制作水波荡漾效果。

7）通过在“属性”面板中对颜色的设置改变按钮状态。

8）对按钮使用 Actions 命令控制页面间的跳转。

设计步骤

Step1 设置动画背景。

1）创建一个新的 Flash 文档。按 Ctrl+J 组合键，打开“文档设置”对话框，设置动画文件的大小为 640×480 像素，帧频为 12，背景色为白色。

2）在菜单栏中选择“文件”→“导入”→“导入到库”命令，将“b1.jpg”“b2.jpg”“b3.jpg”“bg.jpg” 4 个图片文件全部导入库中。

3）在“库”面板中单击“新建文件夹”按钮，新建“位图”文件夹，将新导入的图片全部拖动到该文件夹中待用。

Step2 制作可以切换网页内容的按钮。

1）按 Ctrl+F8 组合键，新建按钮元件，命名为“button1”。

2）选择矩形工具，在“属性”面板中设置笔触颜色为白色，填充颜色为淡黄色（颜色值为#FFFFCC)，笔触大小为 3。然后在编辑区中绘制一个大小适当的长方块。

3）选择选择工具，双击长方块将其全部选中，在菜单栏中选择“窗口”→“对齐”命令，打开“对齐”面板，勾选“与舞台对齐”复选框，再单击“水平中齐”按钮 和

“垂直中齐”按钮，使方块居于编辑区的正中间。

4）单击图层 1 的“点击”帧，按 F5 键插入帧。

5）单击“新建图层”按钮，新建图层 2。

6）选择文本工具，在“属性”面板中设置字体为黑体，大小为 21，颜色为蓝色（颜色值为#0000FF），加粗。然后在方块中输入文字“回首页”，并通过“对齐”面板设置文字居中，如图 9.88 所示。

7）在“库”面板中右击新建的“button 1”元件，在弹出的快捷菜单中选择“复制”命令，复制一个相同的按钮元件，重命名为“button2”。

8）用相同的方法复制出“button3”“button4”元件，并分别进入各按钮的编辑区更改文字为“五花海”“静海”。

9）再次双击“库”面板中的“button1”元件，进入其编辑状态。在图层 2 的“指针经过”帧、“按下”帧处分别插入关键帧，然后将两帧中文字的颜色分别改为橘红色（颜色值为#FF0000）。单击图层 2 的“点击”帧，按 Shift+F5 组合键，将其删除，如图 9.89 所示。

回 首 页

图 9.88 制作“回首页”按钮

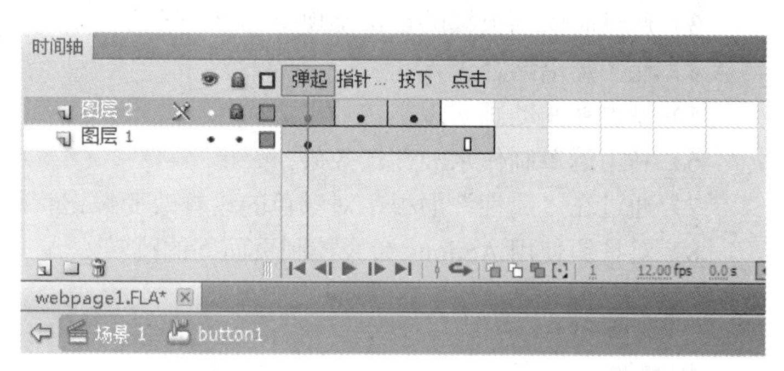

图 9.89 按钮的时间轴

10）用相同的方法对“button2”“button3”“button4”元件中的“指针经过”帧、“按下”帧的文字颜色进行更改。然后在“库”面板中单击“新建文件夹”按钮，新建“按钮”文件夹，将这 4 个按钮拖入该文件夹中待用。

Step3 制作网页标题动画。

1）按 Ctrl+F8 组合键，新建图形元件，命名为“title”。

2）选择文本工具，在“属性”面板中选择一种字体，字号为 60，颜色为白色。然后在编辑区中输入文字“神奇的九寨”。用选择工具将文字选中，按两次 Ctrl+B 组合键将文字打散，再单击编辑区空白处，取消对文字图形的选取。

3）选择墨水瓶工具，在“属性”面板中设置笔触颜色为天蓝色（颜色值为#26D8FF），笔触大小为 2，然后在每个字母图形上单击，为字母添加外轮廓线。

4）用部分选取工具单击字母图形中的白色块，然后将其删除。

5）按 Ctrl+F8 组合键，新建影片剪辑元件，命名为“titlemovie”。在“库”面板中将“title”元件拖入编辑区，然后在图层 1 的第 17 帧处按 F5 键插入帧。

6）单击“新建图层”按钮，新增图层 2。单击图层 1，将整个图层选取，然后按住 Alt 键，向上拖动图层 1 的帧段，将图层 1 的帧复制到图层 2 中。

7）单击图层 2 的第 17 帧，按 F6 键插入关键帧，然后选择变形工具将“title”实例放大，并在“属性”面板中设置其 Alpha 值为 0%。

8）右击图层 2 的第 1 帧，在弹出的快捷菜单中选择“创建补间动画”命令，为文字创建运动补间动画。

9）单击 3 次“新建图层”按钮，新增图层 3～图层 5。

10）按照前面的方法将图层 2 中的帧分别粘贴到图层 3～图层 5 的第 4、7、10 帧处，使文字动画产生叠影效果，如图 9.90 和图 9.91 所示。

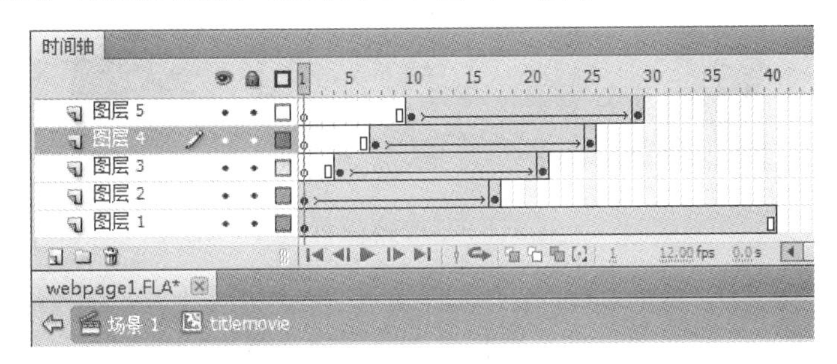

图 9.90 标题文字动画完成后的时间轴

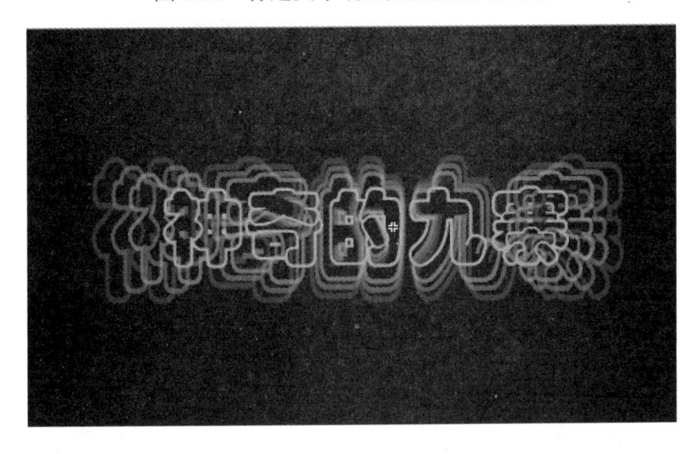

图 9.91 制作叠影效果

11）将图层 1 的帧延长至第 40 帧。

Step4 制作主页面。

1）按 Ctrl+E 组合键，返回场景 1，双击图层 1，命名为“bg”。

2）在 bg 图层的第 30 帧处按 F5 键将这一层延长到 30 帧。

3）从“库”面板中将“位图”文件夹中的“bg.jpg”图片拖入舞台，在“属性”面板中设置图片的大小与舞台大一样（宽 640，高 480；坐标 X 为 0，Y 为 0），如图 9.92 所示。

图 9.92 加入背景

4）从“库”面板中将“titlemovie”元件拖入舞台，并置于背景图片的上端居中位置。

5）选择文本工具，在“属性”面板中设置字体为 Arial Black，字号为 22，颜色为白色。在舞台中网页标题的下面输入文字“WELCOME TO JIUZHAI……”，如图 9.93 所示。

此时，主页背景显得比较单调，下面为其添加一些 Flash 特效。

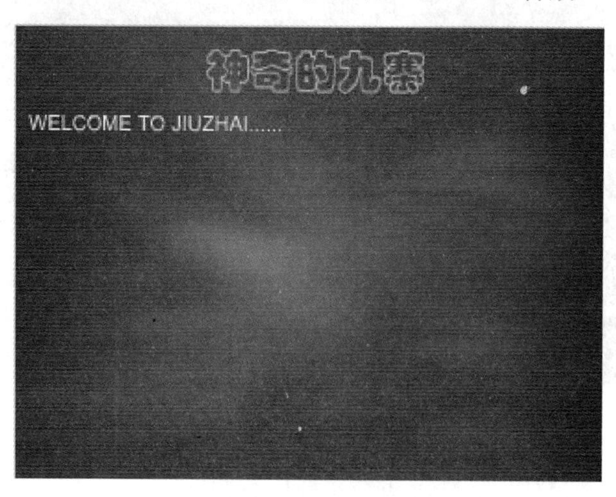

图 9.93 加入标题文字

6）单击“新建图层”按钮，新建图层 2，重命名为“line”。

7）选择直线工具，在“属性”面板中设置笔触大小为 1，笔触颜色为白色，在 bg 层中第二行文字的下面绘制一条横贯舞台的直线。

8）在 line 图层的第 15 帧处按 F6 键插入关键帧。

9）选择第 1 帧中的白色线条，用变形工具将线条从左向右缩短到舞台的右边缘，Y 坐标保持不变。

10）右击第 1 帧，在弹出的快捷菜单中选择“创建形状补间”命令，如图 9.94 所示。

时间轴
场景 1
subpage
text
line
bg

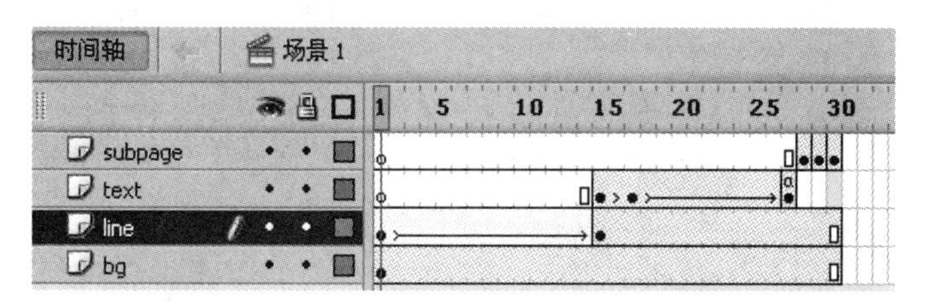

图 9.94　时间轴

11）考虑到这是一个关于九寨沟的主页，所以关于九寨沟的介绍是必不可少的。按 Ctrl+F8 组合键建立一个新的图形元件，命名为“text”。

12）选择文本工具，设置字体为隶书，大小为 25，颜色为白色。然后输入一段介绍文字。为了使白色文字能看清，可将背景色改为黑色，方法如下：单击画面空白处，在“属性”面板中将舞台颜色设置为黑色，如图 9.95 所示。

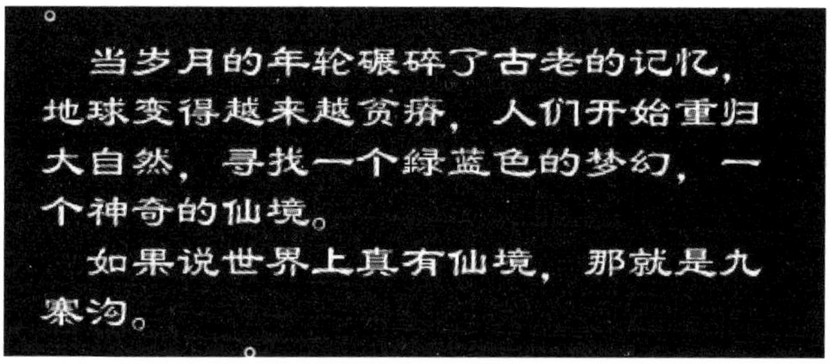

当岁月的年轮碾碎了古老的记忆，
地球变得越来越贫瘠，人们开始重归
大自然，寻找一个绿蓝色的梦幻，一
个神奇的仙境。
如果说世界上真有仙境，那就是九
寨沟。

图 9.95　输入文字并设置舞台颜色

13）按 Ctrl+E 组合键回到主场景。单击“新建图层”按钮，新建图层 3，重命名为“text”。

14）单击第 15 帧，按 F6 键插入关键帧，从“库”面板中将“text”元件拖入舞台中，并置于合适的位置。

15）单击 text 图层的第 27 帧，按 F6 键插入关键帧。

16）用选择工具选择第 15 帧中的文字，在“属性”面板中设置其“颜色”选项中的 Alpha 值为 0%。

17）右击第 20 帧，在弹出的快捷菜单中选择“创建传统补间”命令。

18）选择第 27 帧，按 F9 键打开“动作”面板，为第 27 帧加上 Actions 语言：stop();。效果如图 9.96 所示。

图 9.96　制作逐渐显示效果

19）选择第 28～30 帧，按 Shift+F5 组合键删除。

20）单击“新建图层”按钮，新建图层 4，重命名为“subpage”。在此图层的第 28～30 帧处分别按 F6 键插入关键帧。

21）用文本工具分别在第 28～30 帧加上说明文字，然后将其移动到画面下方适当的位置。

Step5 制作子页面一——淡入动画。

1）按 Ctrl+F8 组合键，新建影片剪辑元件，命名为“movie1”。

2）将“库”面板中“位图”文件夹中的“b1.jpg”图片转换为图形元件并拖入编辑区，在“对齐”面板中将其设置为水平、垂直居中。然后按 F8 键将“b1.jpg”图片转换为图形元件，命名为“b1”。

3）在图层 1 的第 30 帧处插入关键帧，然后单击第 1 帧，选取其中的实例 0 并在“属性”面板中设置“颜色”选项的 Alpha 值为 13%。

4）再次右击第 1 帧，在弹出的快捷菜单中选择“创建传统补间”命令。

5）选择图层 1 的第 30 帧，在“动作”面板中加入 Actions 语句：stop();，如图 9.97 所示。

6）按 Ctrl+E 组合键，返回场景 1。单击 subpage 图层的第 28 帧，将“库”面板中的“movie1”动画拖入舞台中，并置于适当的位置。

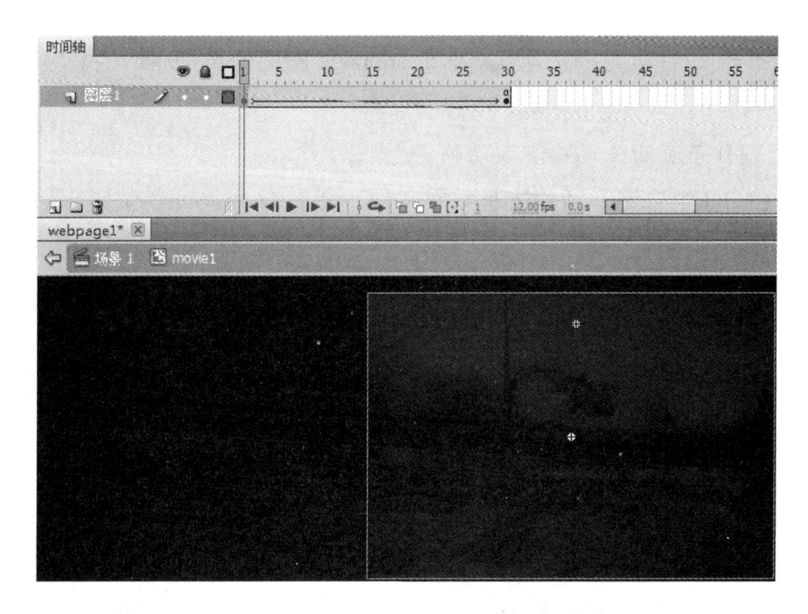

图 9.97 “movie1”图层 1 的第 30 帧

Step6 制作子页面二——旋转淡入动画。

1）按 Ctrl+F8 组合键，新建影片剪辑元件，命名为“movie2”。

2）将“库”面板中“位图”文件夹的“b2.jpg”图片拖入编辑区，在“对齐”面板中设置使其水平、垂直居中，然后按 F8 键将其转换为图形元件，命名为“b2”。

3）在图层 1 的第 39 帧处插入关键帧，然后单击第 1 帧，选择其中的实例，用变形工具将其缩小，并在“属性”面板中设置“颜色”选项的 Alpha 值为 0%。

4）选择第 1 帧，创建传统补间动画。在“属性”面板中设置旋转方向为顺时针，次数为 1 次。

5）选择图层 1 的第 39 帧，在“动作”面板中加入 Actions 语句：stop();，如图 9.98 所示。

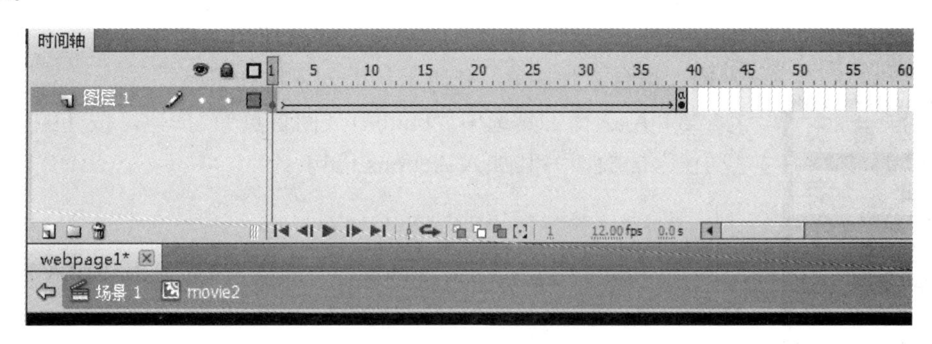

图 9.98 “movie2”的时间轴

6）按 Ctrl+E 组合键返回场景 1。单击 subpage 图层的第 29 帧，将“库”面板中的“movie2”动画拖入舞台中，并置于适当的位置。

Step7 制作子页面三——淡入动画。

1）按 Ctrl+F8 组合键，新建影片剪辑元件，命名为“movie3”。

2）将“库”面板中“位图”文件夹的“b3.jpg”图片拖入编辑区，在“对齐”面板中将其设置为水平、垂直居中。完成后的时间轴如图 9.99 所示。

具体操作参照 movie1、movie2 的做法。

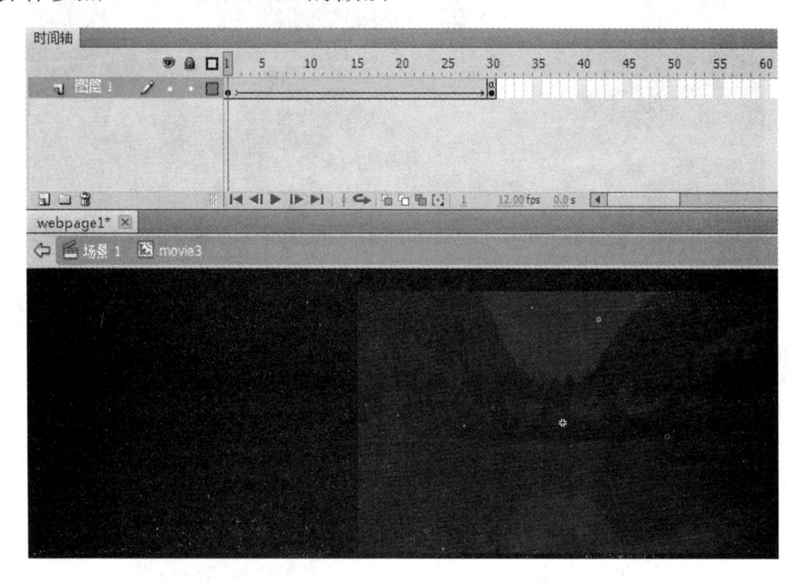

图 9.99 “movie3”完成后的时间轴

3）按 Ctrl+E 组合键返回场景 1，单击 subpage 图层的第 30 帧，将“库”面板中的“movie3”实例拖入舞台，并置于适当的位置。

4）为页面加上菜单按钮。单击“新建图层”按钮，新建图层，重命名为“menu”。在时间轴的第 27 帧插入关键帧，然后从“库”面板的“按钮”文件夹中将 4 个按钮分别拖入舞台，按图 9.100 所示从上到下排列整齐。

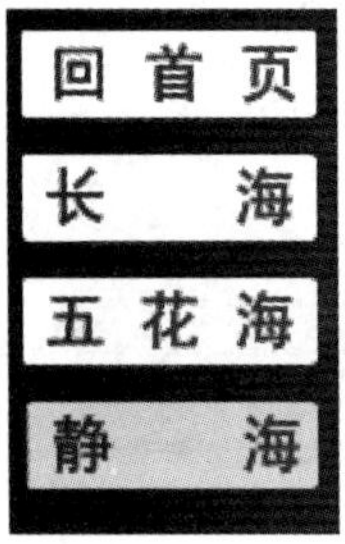

图 9.100 按钮排列

5）用选择工具选中“button1（回首页）”按钮，按 F9 键打开“动作”面板，为其加入 Actions 语句：

```
On(release){gotoAndplay(1);}
```

6）用选择工具选中“button2（长海）”按钮，为其加入 Actions 语句：

```
On(release){gotoAndStop(28);}
```

7）用选择工具单击“button3（五花海）”按钮，为其加入 Actions

语句：

```
On(release){gotoAndStop(29);}
```

8）用选择工具选中“button4（静海）”按钮，为其加入 Actions 语句：

```
On(release){gotoAndStop(30);}
```

9）在 menu 图层的第 28～30 帧处分别插入关键帧，然后将第 27 帧中的“button1（回首页）”按钮删除，如图 9.101 所示。

10）单击第 28 帧的“button2”，在“属性”面板的“色彩效果”选项组中设置样式为“高级”，并对高级效果进行如图 9.102 所示的设置。将“长海”按钮的颜色更改为绿色，表示当前的页面是关于长海的子网页。

图 9.101　第 27 帧的按钮

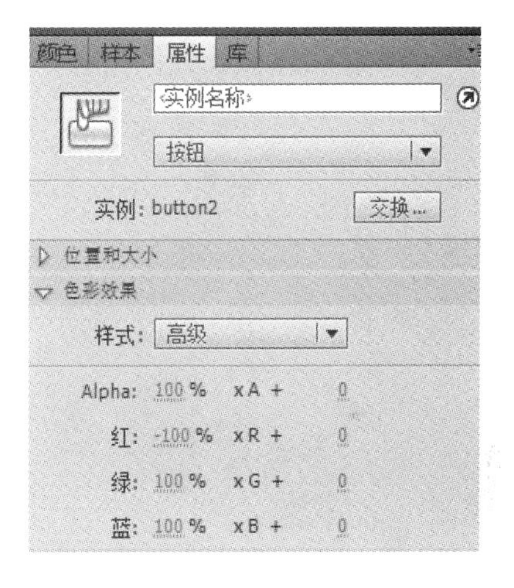

图 9.102　设置高级效果

11）以同样的方法分别将第 29、30 帧中的“button3”实例和“button4”实例更改为绿色。

12）在“动作”面板中将改变颜色按钮的 Actions 语句删除，表示正在访问此页，单击按钮没有反应。第 28～30 帧的按钮效果如图 9.103 所示。

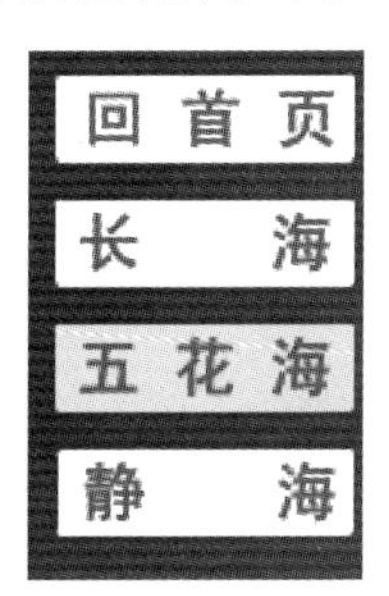

图 9.103　第 28～30 帧的按钮效果

13）按 Ctrl+Enter 组合键测试动画效果。测试无误后，在菜单栏中选择“文件”→“发布设置”命令，对网页的发布进行设置，单击“发布”按钮进行网页的发布。动画完成后的时间轴如图 9.104 所示。

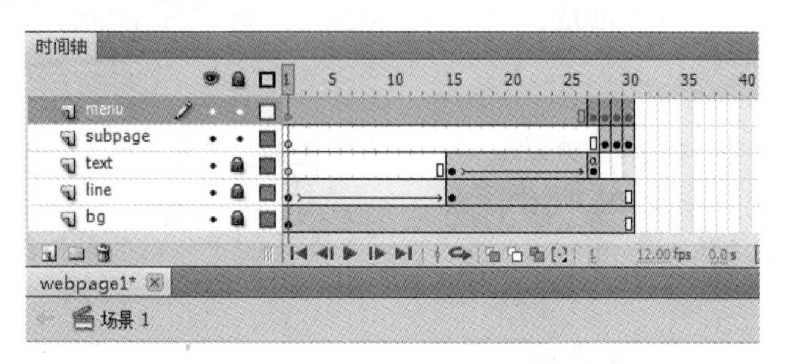

图 9.104　动画完成后的时间轴

参 考 文 献

陈民，吴婷，2010．动画设计与制作 Flash CS3[M]．南京：江苏教育出版社．

龙飞，2011．Flash CS5 完全自学手册[M]．北京：清华大学出版社．

孙志义，2008．Flash 动画制作精品教程[M]．北京：航空工业出版社．

郑桂英，2010．中国风：中文版 Flash CS4 学习总动员[M]．北京：清华大学出版社．